生物质利用碳减排项目开发理论与方法

陈浩波　余伟俊　刘尚余　舒杰◎著

华南理工大学出版社
SOUTH CHINA UNIVERSITY OF TECHNOLOGY PRESS

·广州·

图书在版编目（CIP）数据

生物质利用碳减排项目开发理论与方法/陈浩波，余伟俊，刘尚余等著. —广州：华南理工大学出版社，2018.12（2019.4重印）
ISBN 978 - 7 - 5623 - 4565 - 7

I. ①生… II. ①陈… ②余… ③刘… III. ①二氧化碳 - 减量化 - 排气 - 研究 - 中国 ②生物能源 - 能源利用 - 研究 - 中国　IV. ①X511 ②TK6

中国版本图书馆 CIP 数据核字（2018）第 268164 号

Shengwuzhi Liyong Tanjianpai Xiangmu Kaifa Lilun Yu Fangfa
生物质利用碳减排项目开发理论与方法
陈浩波　余伟俊　刘尚余　舒杰　著

出 版 人：卢家明
出版发行：华南理工大学出版社
（广州五山华南理工大学 17 号楼，邮编 510640）
http：//www. scutpress. com. cn　E-mail：scutc13@ scut. edu. cn
营销部电话：020 - 87113487　87111048（传真）
责任编辑：吴兆强
印 刷 者：虎彩印艺股份有限公司
开　　本：787mm×1092mm　1/16　印张：12　字数：251 千
版　　次：2018 年 12 月第 1 版　2019 年 4 月第 2 次印刷
定　　价：38.00 元

前言

Preface

气候变化是当今人类共同面临的巨大挑战。人类对气候系统的影响是明确的，由人为活动引起的全球气候变暖将引发气候系统难以预测的变化，对地球生态安全和人类生存与发展带来严重威胁。积极参与国际合作，应对气候变化、减少温室气体排放日益成为世界各国的广泛共识和实际行动。

清洁发展机制是《京都议定书》确定的三个灵活市场机制之一，基于"共同但有区别的责任"原则和公平原则通过项目级的合作方式实现多方共赢，发达国家以较低成本实现减排目标，发展中国家获得资金和技术促进其可持续发展。我国作为负责任大国坚定不移地采取积极行动应对气候变化，在推动《巴黎气候协定》的达成和生效中担当了重要角色，并承诺到 2030 年单位 GDP 的 CO_2 强度比 2005 年下降 $60\% \sim 65\%$，2030 年左右 CO_2 排放达到峰值并争取努力早日达峰。为实现这一承诺，我国将做出巨大努力和贡献，更需要强有力的制度和政策体系的保障。2017 年 12 月我国政府发布《全国碳排放权交易市场建设方案（发电行业）》，标志着全国碳排放权交易市场正式启动，成为推动绿色低碳发展的一项重大创新实践。中国自愿减排交易机制作为我国碳排放权交易体系的必要补充，不仅为中国控排企业完成履约任务提供了更优的减排策略选择，更为推动中国新能源和可再生能源产业、节能环保行业、碳汇造林事业等的蓬勃发展注入了新动力。

生物质作为一种绿色、清洁、可再生和数量丰富的资源，其开发利用可实现 CO_2 零排放，是减少温室气体排放的有效途径之一，在解决未来能源需求、全球变暖、生态环境保护方面有着极其重要地位。"十三五"是实现能源转型升级的重要时期，是新型城镇化建设、生态文明建设、全面建成小康社会的关键时期，生物质的利用面临产业化发展的重要机遇。要把生物质作为优化能源结构、改善生态环境、发展循环经济的重要内容，立足于分布式开发利用，扩大市场规模，加快技术进步，完善产业体系，加强政策支持，推进生物质利用规模化、专业化、产业化和多元化发展，促进新型城镇化和生态文明建设。

为确保清洁发展机制和中国自愿减排交易机制下项目减排量交易的环境效益完整性，即确保碳减排项目能带来长期实际可测量和额外的减排量，需要建立一套有效、透明和可操作的方法学，并在实践应用过程中不断修改和完善。生物质沼气利用、生物质发电和供热、生物柴油生产、垃圾填埋气利用、生物质燃气生产、植物油生产、生物质废弃物利用作为生产原料使用都涉及生物质利用。开发生物质利用碳减排项目还存在新方法学开发及方法学应用上的障碍，使项目的推广受到限制。对此应该加强开发各种类型的生物质利用项目工作，只有通过不断的项目开发，有了实际项目作为依据，才能进一步完善各个方法学，使碳减排方法学与我国不断发展的碳减排市场相适应。

本书的完成得到了广东丰溪现代林业发展有限公司在文献资料、项目资源和研究经费等方面所给予的大力支持。根据作者团队多年参与清洁发展机制和中国自愿减排交易机制的方法学研究及项目开发工作的体会、与本领域专家的学习交流，以及与同行研讨过程中得到的启发思考，详细梳理了碳减排项目开发现状，全面解析碳减排方法学理论，重点研究生物质能源化利用和原料化利用情景下温室气体减排效果，系统地探讨与分析其基准线方法学与相应的监测方法学，提出一个可量化的评估碳减排项目的标准方法，为在我国大规模开展生物质利用项目提供理论依据，同时为项目开发和审批提供了可供参考的量化工具，对能源战略规划决策具有一定的借鉴意义。在此衷心感谢为本书的完成给予指导的中国科学院广州地球化学研究所匡耀求研究员、清华大学韦志洪教授、四川大学蒋文举教授、青岛中科煜成安全技术有限公司张培栋博士以及提供帮助和支持的各位老师、朋友和伙伴们。

本书主要编写人员有陈浩波、余伟俊、刘尚余、舒杰。本书内容仅代表作者对生物质利用领域碳减排项目开发方法的理解，由于水平有限，难免有不妥之处，恳请读者批评指正。

陈浩波

2018 年 10 月 16 日

写作团队成员

陈浩波　中国科学院广州地球化学研究所博士研究生，中国科学院广州能源研究所助理研究员，主要从事低碳、能源、环境与可持续发展等领域的研究，在碳减排项目计量和监测方法学方面开展了大量研究工作，有丰富的碳减排项目开发经验。

余伟俊　工商管理硕士，中国科学院广州能源研究所高级会计师，注册会计师，主要从事森林碳汇、工业节能、建筑节能和污泥处理技术等研究与开发工作。

刘尚余　工学博士，中国科学院广州能源研究所副研究员，主要从事环保节能技术研究、中国温室气体自愿减排项目方法学研究及项目开发、清洁发展机制项目开发。

舒　杰　理学博士，中国科学院广州能源研究所研究员，分布式发电微电网技术研究室主任，主要从事太阳能光伏发电理论与技术、可再生能源分布式发电微网技术、新能源发电电力变换控制技术、太阳能利用与建筑集成技术和节能减排技术等研究与开发工作。

目录
Contents

第一章 绪论 / 1

第一节 应对气候变化刻不容缓 / 1

第二节 应对气候变化的努力 / 9

第三节 生物质利用对减缓全球气候变化意义重大 / 12

第四节 生物质利用项目碳减排方法学应用前景广阔 / 15

第二章 碳减排机制政策剖析与实践运行 / 19

第一节 CDM 政策剖析 / 19

第二节 CDM 项目开发现状分析 / 24

第三节 中国碳交易市场和自愿减排机制 / 27

第三章 碳减排项目方法学理论基础 / 31

第一节 CDM 基准线方法学 / 31

第二节 CDM 监测方法学 / 35

第三节 中国自愿减排方法学概述 / 36

第四章 农村户用沼气项目碳减排方法学研究 / 39

第一节 沼气利用项目方法学概述 / 39

第二节 农村户用沼气工程项目 / 45

第三节 农村户用沼气工程项目方法学问题 / 48

第五章 生物质废弃物热电联产项目开发关键问题分析 / 55

第一节 生物质能开发和利用情况 / 55

第二节 生物质废弃物能源利用方法学进展 / 62

第三节 生物质废弃物热电联产项目案例分析 / 71

第四节 生物质热电联产碳减排项目开发要点 / 81

第六章 利用农作物秸秆生产人造板项目碳减排方法学研究 / 83

第一节 我国人造板产业发展现状分析 / 83

第二节 我国农作物秸秆利用现状分析 / 86

第三节 利用农作物秸秆生产人造板项目碳减排方法学 / 89

第四节 农作物秸秆生产人造板项目碳减排方法学应用 / 112

第七章 CDM 项目评估标准体系的构建 / 120

第一节 CDM 项目额外性评估工具 / 120

第二节 拟议的 CDM 项目评估体系的构建 / 123

第三节 可再生能源领域 CDM 项目标准评估体系的构建 / 131

主要参考文献 / 144

附录 / 150

附录一 巴黎协定 / 150

附录二 京都议定书 / 164

附录三 温室气体自愿减排交易管理暂行办法 / 178

第一章 绪论

第一节 应对气候变化刻不容缓

国际社会关注的气候变化，主要是指由于人为活动排放温室气体造成大气组分改变，引起以变暖为主要特征的全球气候变化。《联合国政府间气候变化专门委员会第五次评估报告》指出：人类对气候系统的影响是明确的，温室气体排放以及其他人为排放已成为自20世纪中期以来气候变暖的主要原因。当前不仅需要适应气候变化，而且要大幅和持续减少温室气体排放才能限制气候变化风险（IPCC，2014）。人类必须行动起来，携手共进，减少温室气体排放和应对气候变化。

一、大气温室气体浓度持续上升

自1750年起的工业化时代以来，不断增长的人口、密集型农业活动、土地利用和毁林的增加、工业化以及化石能源大量使用都促使了大气温室气体含量增加（图1-1）。

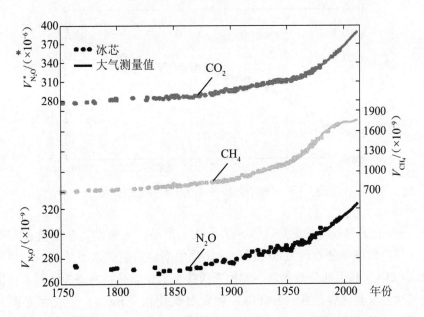

图1-1　1750年以来观测到的大气主要温室气体浓度变化

*V代表摩尔分数。

这些与人类活动有关的温室气体主要包括二氧化碳（CO_2）、甲烷（CH_4）和氧化亚氮（N_2O）、六氟化硫（SF_6）、氢氟碳化物（HFCs）和全氟碳化物（PFCs）等。

人类活动造成的 CO_2 排放在 2016 年达到创有记录以来最高水平，大气中 CO_2 摩尔分数全球平均值达到了 403.3×10^{-6}，比工业化前增长了 45%。大气中 CH_4 和 N_2O 全球平均浓度在 2016 年也达到了新高，其中 CH_4 摩尔分数为 $1\,853 \times 10^{-9}$，N_2O 摩尔分数为 328.9×10^{-9}。这些数值分别比工业化前增长了 157% 和 22%。上述三种温室气体浓度增加到了至少是过去 80 万年以来前所未有的水平（图 1-2，图 1-3，图 1-4）（世界气象组织，2017 年）。

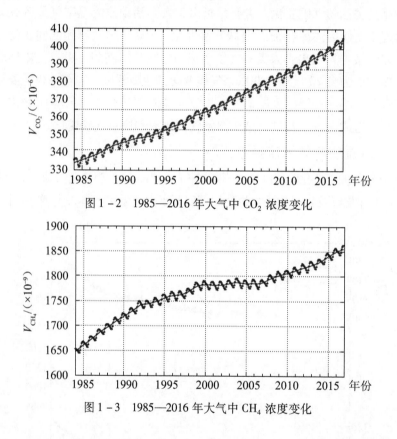

图 1-2　1985—2016 年大气中 CO_2 浓度变化

图 1-3　1985—2016 年大气中 CH_4 浓度变化

SF_6 是一种强效长寿命温室气体，属于化工产品，主要作为配电设备的电绝缘材料，其目前的摩尔分数约为 20 世纪 90 年代中期观测到的水平的两倍。尽管氯氟碳化物（CFCs）和大部分哈龙（一类称为卤代烷的化学品）在减少，但有些同为强效温室气体的氢氯氟碳化物（HCFCs）和氢氟碳化物（HFCs）正在相对快速地增长，不过它们的含量仍然处于很低水平（10^{-12}级）。

自过去约 80 万年来，在整个冰川期循环时期工业化前的大气 CO_2 摩尔分数保持在低于 280×10^{-6}的水平（美国国家海洋和大气管理局，2016）。过去 70 年来大气 CO_2 的增长率几乎是末次冰期结束时的 100 倍，大气 CO_2 水平的这种突变前所未见（图 1-5）。

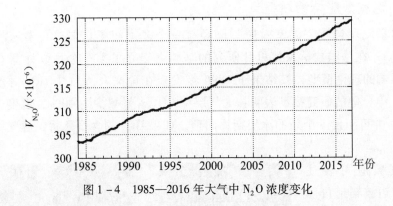

图 1 - 4　1985—2016 年大气中 N_2O 浓度变化

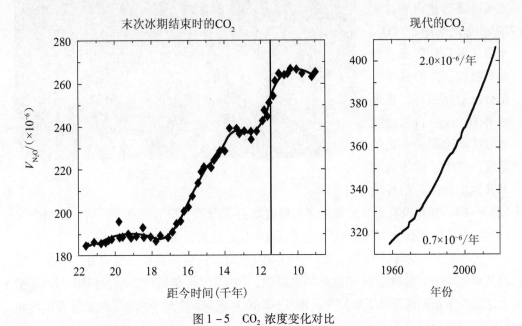

图 1 - 5　CO_2 浓度变化对比

注：左图为末次冰期结束时的大气 CO_2 浓度，右图为最近的大气 CO_2 浓度。

　　根据研究评估，与人类活动有关的温室气体排放的年度增长幅度已经放缓或已达到一个稳定水平（全球碳项目，2016）。这些人为排放与近年厄尔尼诺有关的自然排放促使了大气 CO_2 浓度达到历史最高水平。2015—2016 年 CO_2 摩尔分数上升了 3.3×10^{-6}，升幅高于 2012—2013 年增幅以及过去 10 年的平均增长率。2015—2016 年的厄尔尼诺事件通过气候变化与碳循环之间复杂的双向相互作用，推动了增长率上升。2015—2016 年 CH_4 的增幅略低于 2014—2015 年的增幅，但高于过去 10 年的平均值。2015—2016 年 N_2O 的增幅也略低于 2014—2015 年的增幅以及过去 10 年的平均增长率。

二、温室效应持续增强

科学家发现自然"温室效应"已经有一个多世纪了。瑞典科学家阿列纽斯（Arrhenius）在法国数学家傅里叶研究的基础上建立了第一个用以计算 CO_2 对地球温度影响的理论模型，其结果于 1896 年发表在论文《大气中 CO_2 对地球温度的影响》中。他的研究模型表明：大气层中 CO_2 含量减少约 40%，温度就会下降 $4 \sim 5$℃，并可引发一个新的冰川期；同理，如果 CO_2 的含量翻番，温度就会上升 $5 \sim 6$℃。

温室效应可表述为：太阳短波辐射可以透过大气射入地面，而地面增暖后放出的长波辐射被大气中的 CO_2、水蒸气和 CH_4 等温室气体所吸收，并将其中一部分反射回地球，使地表升温。这一自然温室效应使地表保持一定的温度，产生了适于人类和其他生物生存的环境

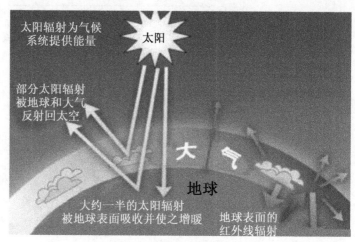

图 1-6　温室效应示意图

（图 1-6）。如果没有大气，地表平均温度就会下降到 -23℃ 或更低温度，而如今实际地表平均温度约为 15℃，这就是说温室效应使地表温度升高了 38℃。

大气温室气体浓度稳步上升，进一步阻止地球热量的散失，温室效应增强，致使全球地表平均温度上升（世界气象组织，2016）。科学研究显示，1880—2012 年全球地表平均温度升高了 0.85℃；1901—2010 年期间，全球平均海平面上升了 0.19 m（IPCC，2014）。

改变地球能量收支的自然和人为物质与过程是气候变化的物理驱动因子。辐射强迫用来量化由这些驱动因子引起的进入地球系统的能量扰动。1750—2011 年期间的总人为辐射强迫的变暖效应为 2.3 W/m²，而 CO_2 是最大的驱动因子。CO_2 是大气中最重要的一种人为温室气体，贡献了约 65% 的长寿命温室气体辐射强迫（美国国家海洋和大气管理局，2016）。1750—2011 年间累计进入大气的人为 CO_2 排放量约为 2040 Gt，近一半累计排放量发生在过去 40 年。自 1970 年以来，源于化石燃料燃烧、水泥生产和空烧的 CO_2 累积排放量增加了两倍，而来自森林和其他土地利用（FOLU）的 CO_2 累积排放量增加了 40%。2011 年，源于化石燃料燃烧、水泥生产和空烧的 CO_2 排放量约为 34.8 Gt（图 1-7）。自 1750 年以来，这些人为 CO_2 排放中的约 40% 保留在大气中，其余被碳汇从大气中移除或储存在自然碳循环库中，海

洋吸收了约30%，造成了海洋酸化。在2006—2015年人类活动造成的总排放量中，约44%累积在大气中、26%在海洋中、30%在陆地（Le Quéré等，2016）。

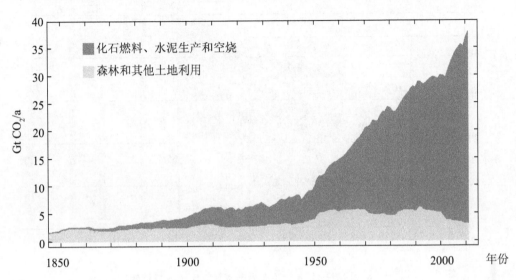

图1-7　1850—2010年全球人为CO_2排放变化

数据来源：IPCC第五次评估报告。

CH_4贡献了约17%的长寿命温室气体辐射强迫（美国国家海洋和大气管理局，2016）。排入大气中的CH_4，约40%是通过自然源（例如湿地和白蚁），约60%来自人为源（例如饲养反刍动物、水稻种植、化石燃料开采、垃圾填埋和生物质燃烧）。CH_4年平均增幅从20世纪80年代初的每年约13×10^{-12}减少到1999—2006年的接近于零。自2007年以来，大气CH_4浓度再次上升，上升的原因可能是热带湿地以及北半球中纬度地区人为源的CH_4排放增加。

N_2O贡献了约6%的长寿命温室气体辐射强迫（美国国家海洋和大气管理局，2016）。它是这一总辐射强迫的第三大单个贡献因子。它排入大气是通过自然源（约60%）和人为源（约40%），包括海洋、土壤、生物质燃烧、化肥使用和各类工业过程。损耗平流层臭氧的氯氟碳化物（CFC）以及微量卤化气体贡献了约11%的长寿命温室气体辐射强迫（美国国家海洋和大气管理局，2016）。

人为温室气体排放量主要受人口规模、经济活动、生活方式、能源利用、土地利用模式、技术和气候政策的驱动。尽管气候变化减缓政策的数量出现了上升，但在2000—2010年，温室气体排放还是每年平均增加1.0 Gt CO_2e，而1970—2000年每年平均增加0.4 Gt CO_2e。2000—2010年间的总人为温室气体排放在人类历史上是最高的，2008年的全球经济危机只是暂时减少了排放，2010年达到了49 Gt CO_2e（图1-8），其中化石燃料燃烧和工业过程的CO_2排放量约占温室气体总排放增量的78%（图1-9）。

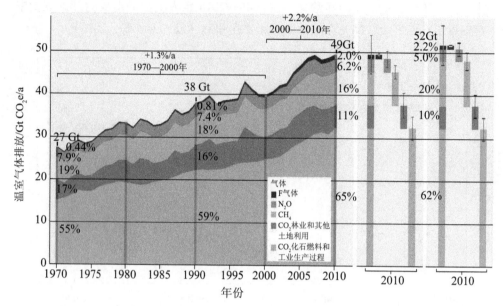

图 1-8　1970—2010 年各人为温室气体年排放总量变化

数据来源：IPCC 第五次评估报告。

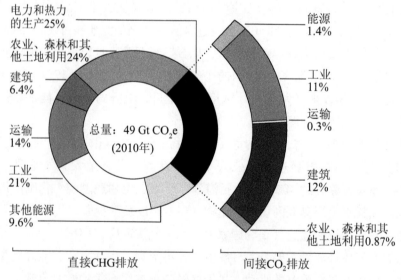

图 1-9　不同经济部门的温室气体排放

数据来源：IPCC 第五次评估报告。

　　从全球来看，经济发展和人口增长仍然是推动化石燃料燃烧造成 CO_2 排放量增加的两个最重要因素。2000—2010 年期间，人口增长的贡献率仍然保持与之前 30 年大致相同的水平，但经济发展的贡献率急剧上升。煤炭用量的增加逆转了世界能源供应中逐渐实现脱碳（即降低能源碳强度）的长期趋势。

21 世纪末期及以后的全球平均地表升温幅度主要由 CO_2 的累积排放决定。未来各种温室气体排放的预估范围差别很大，具体取决于社会经济发展和气候政策双重因素（图 1-10）。

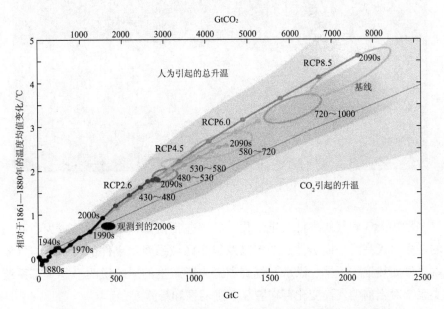

图 1-10 不同情景下累积总人为 CO_2 排放量及温度变化趋势

注：严格减排情景（RCP2.6），中等减排情景（RCP4.5 和 RCP6.0），高排放情景（RCP8.5）。

数据来源：IPCC 第五次评估报告。

三、气候变化影响深远

1. 对全球的影响

持续的温室气体排放将会引发气候系统不可预测的变化，增加对自然生态系统和人类造成严重、普遍和不可逆影响的可能性，会导致严重的生态和经济破坏。最近几十年，气候变化已经对所有大陆上和海洋中的自然生态系统和人类系统造成了重大影响。

气候变化对自然系统的影响是最强、最全面的。许多地区降水量变化或冰雪融化正在改变水文系统，从而影响水资源的数量和质量；极地冰川正加速融化，导致海平面上升，淹没沿海低海拔地区，影响北大西洋的深海对流，从而改变全球洋流活动，更加促使全球气候变暖；气候变暖和构造活动变弱是沙漠化的主要原因，加速了沙漠化的进程；为了应对不断发生的气候变化，许多陆地、淡水和海洋物种已经改变了其地理分布范围、季节活动、迁徙规律、丰度和物种交互；全球海洋酸化加剧，对海洋生物产生负面影响（图 1-11）。

图 1 - 11　北极冰雪加速融化

　　许多极端天气和气候事件发生变化，其中包括低温极端事件的减少、高温极端事件的增多、极高海平面事件的增多以及很多区域强降水事件的增多；与气候相关的极端事件如热浪、干旱、洪水、气旋和野火所产生的影响说明一些生态系统和许多人类系统对当前的气候变化存在着显著脆弱性和暴露度。

　　对人类系统的一些影响也已被归因于气候变化。涉及多个地区和多种作物研究的结果表明，更多情况下气候变化对作物产量的影响是负面而非正面的；疟疾、登革热、黑热病、血吸虫病等诸多通过昆虫、食物和水传播的疾病对气候变化非常敏感，传播范围将显著增加；被冰封极地冰层十几万年的史前致命病毒可能会重现天日，导致全球陷入疫症恐慌，人类生命将受到严重威胁。

　　2. 对中国的影响

　　近年来，我国经济持续高速发展，给能源供应和生态环境带来极大压力，我国的能源结构以煤炭为主，大量化石能源的消耗不仅造成粉尘和酸雨危害，也使我国的温室气体排放量逐年上升，目前已成为世界最大温室气体排放国。气候变化带来的干旱、洪涝和沿海风暴等自然灾害已经严重影响我国的经济发展，是我国可持续发展的主要威胁。未来的气候变暖将会对我国的生态系统、农业、水资源和沿海地区产生重大的不利影响（李学勇，2006）。

　　（1）对生态系统的影响

　　气候变化后中国森林的组成和结构将发生较大变化，落叶阔叶树将逐步成为优势树种；冰川随着气候变化而改变其规模，估计到2050年，中国西部冰川面积将减少27.2%；此外，未来50年，青藏高原多年冻土空间分布格局将发生较大变化，大多数岛状冻土发生退化，季节融化深度增加。高山、高原湖泊中，少数依赖冰川融水补给的小湖可能先因冰川融水增加而扩大，后因冰川缩小、融水减少而缩小。

（2）对农业的影响

气候变暖使我国年平均气温上升，从而导致积温增加、生长期延长，且种植业成片北移；气候变暖将导致农作物不同程度减产，减产的主要原因是生育期缩短和生育期高温的不利影响；同时由于气候变暖，土壤有机质的微生物分解加快，在保持对农作物肥效的情况下将需要增加施肥量，而施肥量的增加不仅使农民投入增加，而且对土壤和环境也不利。

（3）对水资源的影响

气候变暖将导致我国主要流域的年径流量发生变化，水资源的供需状况也将出现变化，产生的缺水量将大大加剧海滦河流域、京津唐地区、黄河流域及淮河流域的缺水状况，并对社会经济产生严重影响，特别是对农业灌溉用水的影响，远远大于对工业用水和生活用水的影响；同时气候变暖将导致全球平均降水量趋于增加，但降水频率可能随着平均降水量的增加而发生变化，蒸发量也会因全球平均温度增加而增大，这可能意味着未来旱涝等灾害的出现频率会增加。气候变暖还可能导致一些地区的水质发生变化，因为气候变暖使一些地区蒸发量加大，河水流量趋于减少，可能会加重河流原有的污染程度，特别是在枯水季节。

（4）对沿海地区的影响

由于风暴潮等极端气候事件是中国沿海致灾的主要原因，其中黄河、长江、珠江三角洲是最脆弱的地区，气候的变化将使中国沿岸海平面上升，导致许多海岸区遭受洪水泛滥的机会增加，遭受风暴潮影响的程度加重，由此引起海岸滩涂湿地、红树林和珊瑚礁等生态群遭到破坏，造成海岸侵蚀、海水入侵沿海地下淡水层、沿海土地盐渍化等。

第二节　应对气候变化的努力

一、国际谈判历程

由于全球气候变化问题涉及各国环境、经济、社会各方面利益，已成为国际环境外交中的热点问题。国际社会对全球气候变化问题的关注始于20世纪70年代。从1979年在日内瓦召开第一届世界气候大会以来，世界气象组织和联合国环境规划署加强了对温室效应的科学研究，于1988年成立了政府间气候变化委员会（IPCC），专门负责有关气候变化影响评价和对策研究。一系列国际协调委员会会议促成了《联合国气候变化框架公约》（UNFCCC）的签订。1992年6月在巴西召开的联合国环境与发展大会上，包括中国在内的166个国家签署了该公约，旨在将大气中的温室气体浓度稳定在防止气候系统受到危险的人为干扰的水平上，使生态系统能够自然地适应气候变化，确保粮食生产免受威胁并使经济发展能够可持续地进行。该公约确立了"共同但有区别的责任"原则和公平原则，要求所有国家都要采取措施应对气候变化，发达国家应率先减排并向发展中国家提供资金和技术，发展中国家在得到资金、技术的前提下并在可持续发展的框架下采取应对气候变化的行动。该公约于 1994 年 3 月 21 日正式生效。目前已有 197 个国家或地区批准了 UNFCCC。

UNFCCC 主要是通过限制温室气体排放将其浓度稳定在一个合理的数值上，从而实现对全球气候变暖趋势的控制。尽管温室气体稳定浓度目前还没有最后确定，但最大环境空间却客观存在。在这一前提下，UNFCCC 通过制定减排指标和国际环境规则，对环境空间进行分配。由于环境空间配额是有限的，限制碳排放也就是限制能源的生产与消费，会直接影响社会经济的发展。因此从某种意义上讲，UNFCCC 的实质是世界各国划分关于 21 世纪能源资源配置和社会经济发展空间的国际较量。UNFCCC 将对国家能源供应战略和结构调整产生重大影响。为了保证未来能源供应安全和经济持续发展，最大限度地降低因减排造成的经济损失，欧盟成员国等承诺减排国家一方面大力倡导引进减排灵活机制，另一方面加大能源战略和能源结构调整的力度，削减煤炭供应，提高能源效率，加快发展优质能源和可再生能源。还积极研发和储备新能源技术，以便在未来世界能源市场和国家发展竞争中占据主动。

1995—2017 年，缔约方会议（俗称联合国气候变化大会）共举行了 23 次会议，先后制定了《京都议定书》、"巴厘岛路线图"和《巴黎气候变化协定》（《巴黎协定》）等重要文件，通过了"德班平台""多哈气候之门"等，为全球应对气候变化的行动提供了基本的政治框架和法律制度。

1997 年 12 月在日本京都举行的第 3 次缔约方会议通过的《京都议定书》，确定了发达国家 2008—2012 年第一承诺期内的量化减排指标，是公约"共同但有区别的责任"原则的具体体现。议定书确立了协助发达国家以较低成本实现减排目标的三个灵活机制，即排放贸易（ET）、联合履行（JI）和清洁发展机制（CDM），为建立全球性的排放权交易市场奠定了法律基础。《京都议定书》于 2005 年 2 月正式生效。

2007 年 12 月在印度尼西亚巴厘岛举行的第 13 次缔约方会议着重讨论了"后京都时代"（即议定书第一承诺期 2012 年到期后）如何进一步降低温室气体排放的问题，达成了"巴厘岛路线图"，提出要通过谈判形成 2012—2020 年的减排协议。"巴厘岛路线图"确定了将来应加强落实公约的优先领域，包括减缓、适应、技术和资金四个方面，成为构建 2012 年后国际应对气候变化制度的关键影响要素。

2009 年 12 月在丹麦哥本哈根举行的第 15 次缔约方会议未能按时完成"巴厘岛路线图"谈判，形成了不具法律约束力的哥本哈根协议。该协议就发达国家实行强制减排和发展中国家采取自主减缓行动做出了安排，使"共同但有区别的责任"原则得到了坚持，反映了各方在重要问题上的原则共识，是推动"巴厘岛路线图"谈判取得进一步成果的政治基础。在此次会议后，中国、印度、南非、巴西作为"基础四国"开始以共同的声音出现在气候变化国际谈判舞台上。

2011 年 12 月在南非德班举行的第 17 次缔约方会议就《京都议定书》第二承诺期问题做出了明确安排，启动了绿色气候基金，还决定设立"加强行动德班平台特设工作组"（简称"德班平台"），围绕减缓、适应、资金、技术转让、能力建设等内容确定适用于所有缔约方的强化行动安排，最迟于 2015 年完成工作，自 2020 年起生效实施，并讨论 2020 年前提高行动力度的问题。

2012 年 12 月在卡塔尔多哈举行的第 18 次缔约方会议通过了统称为"多哈气候之门"的一系列成果文件，核心内容包括关于《京都议定书》第二承诺期的决定、关于巴厘岛行动计划工作成果的决定及关于推进"德班平台"工作的决定。多哈会议实现了落实德班共识的预期目标，并完成了从"巴厘岛路线图"到"德班平台"的过渡。多哈会议后，国际气候谈判进入一个以"德班平台"为重心的全新阶段，目标是谈判制定 2020 年后至 2030 年前适用于所有缔约方的国际减排安排。

2015 年 12 月在法国巴黎举行的第 21 次缔约方会议最终达成的《巴黎气候变化协定》，是继《联合国气候变化框架公约》和《京都议定书》之后，人类历史上第三个应对气候变化的国际法律文本。2016 年 10 月 5 日，《巴黎气候变化协定》满足生效条件，正式生效。由此确定了 2020 年后的全球气候治理格局，这具有里程碑式的意义。

总体上看，气候变化国际谈判的基本格局是发达国家和发展中国家两大阵营对垒，矛盾焦点集中在是否要坚持公约、议定书，如何坚持公平原则、"共同但有区别的责任"原则和各自能力原则，如何分担减排、资金和转让技术的责任和义务，但矛头日益指向发展中排放大国。

二、中国政府的行动

中国作为负责任的大国，在应对气候变化国际合作中发挥着重要作用，同时在国内积极采取了一系列卓有成效的减少温室气体排放行动。中国政府高度重视应对气候变化工作，把推进绿色低碳发展作为生态文明建设的重要内容，作为加快转变经济发展方式、调整经济结构的重大机遇，坚持统筹国内国际两个大局，积极采取强有力的政策行动，有效控制温室气体排放，增强适应气候变化能力，推动应对气候变化各项工作取得了重大进展，彰显了中国以实际行动应对全球气候变化的决心（李俊峰等，2015）。

中国政府积极参与《联合国气候变化框架公约》下谈判进程，坚定维护公约的原则和框架，坚持公平、共同但有区别的责任和各自能力原则，遵循缔约方主导、公开透明、广泛参与和协商一致的多边谈判规则，不断加强公约的全面、有效和持续实施。

1998 年 5 月 30 日，中国签署了《京都议定书》，并于 2002 年批准。从"十一五"开始,中国首次将单位国内生产总值（GDP）能耗下降目标作为约束性指标列入国民经济和社会发展规划纲要,并将节能目标进一步分解到地方和重点用能单位层面（国民经济和社会发展第十一个五年规划纲要,2006）。2009 年 11 月,中国在哥本哈根气候峰会上进一步承诺:2020 年碳排放强度在 2005 年的水平上减少 40%～45%（国家发展和改革委员会,2011）。2015 年 6 月 30 日,中国向联合国气候变化框架公约秘书处提交了《强化应对气候变化行动——中国国家自主贡献》,确定2030 年行动目标是:CO_2 排放 2030 年左右达到峰值并争取尽早达峰;单位国内生产总值 CO_2 排放比 2005 年下降 60%～65%,非化石能源占一次能源消费比重达到20% 左右,森林蓄积量比 2005 年增加 45 亿 m^3 左右（国务院,2015）。

党的十九大报告指出,要加快生态文明体制改革,建立健全绿色、低碳、循环发展的经济体系,启动全国碳排放交易体系,稳步推进全国碳排放权交易市场建设。2017 年 12 月 18 日,国家发改委印发了《全国碳排放权交易市场建设方案（发电行业)》,这标志着我国国家碳排放交易体系完成了总体设计,已正式启动全国碳排放交易体系。建设全国碳排放权交易市场,是利用市场机制控制和减少温室气体排放、推动绿色低碳发展的一项重大创新实践（国家发展和改革委员会,2017）。

中国政府积极支持发展中国家应对气候变化,为小岛屿国家、最不发达国家、非洲国家及其他发展中国家提供了实物及设备援助,对其参与气候变化国际谈判、政策规划、人员培训等方面提供大力支持,并启动在发展中国家开展 10 个低碳示范区、100 个减缓和适应气候变化项目及 1 000 个应对气候变化培训名额的合作项目。中国将继续与国际社会一道,发挥积极建设性作用,不断推动全球气候治理进程（国家发展和改革委员会,2017）。

第三节　生物质利用对减缓全球气候变化意义重大

一、生物质含义和种类

1. 生物质含义

根据国际能源机构（IEA）的定义,生物质是指利用大气、水等环境条件,通过光合作用而形成的各种有机体,包括所有的动物、植物和微生物。从广义概念上讲,生物质指来自植物、动物和微生物的有机物,包括农业、林业和相关工业所产生的产品、副产品、废弃物和垃圾以及工业和城市垃圾中的有机物部分,也包括可降解的有机物分解产生的气体和液体。

生物质能是太阳能以化学能形式储存在生物质中的能量形式,直接或间接来源于植物的光合作用。广义上,生物质能作为太阳能转化和累积的一种变现形式,通过复杂的化学变化转换为常规的固态、液态和气态燃料,故其是一种可再生能源。

2. 生物质种类

生物质种类繁多，来源也各不相同。目前将可以能源利用的生物质分为农业资源、林业资源、城市固体废物、工业和生活废水、禽畜粪便五大类。

农业资源是指农业作物；在农作物收割后，在农田里将会残留很多农作物秸秆，比如麦秸、高粱秸、玉米秸、棉秆、稻草、豆秸等；农业生产过程中也将产生很多废弃物，如大米加工过程中剩余的稻壳等。除此之外，农业资源中还包括能源植物，其主要是用以提供能源，一般包括油料作物、水生植物、草本能源作物及制取碳氢化合物植物等。

林业资源是指森林生长及林业加工过程中提供的生物质能源，其主要包括森林中的零散木材、残留的树枝、薪炭林等；木材在加工过程中剩余的锯末、枝丫、木屑、板皮等；除此之外还包括林业副产品的废弃物，如果核、果壳、果皮等。

城市固体废物是指生产、生活中产生的固体垃圾，其主要包括居民生活垃圾、商业垃圾、建筑垃圾等固体废物。由于受当地自然条件、居民生活水平、城镇建设、能源消费结构以及四季变化等因素影响，导致城市固体垃圾比较复杂，需要根据实际情况来分析。

工业和生活废水包括生活污水和工业有机废水，其中生活污水主要由厨房排水、粪便污水、洗浴排水、洗衣排水、盥洗排水等构成。工业有机废水主要包括制糖、酒精、制药、酿酒、造纸、食品等产品生产过程中排出的废水，这些污水中都富含有机物。

禽畜粪便是指禽畜的排泄物，主要包括禽畜排出的粪便、尿等。它是粮食、农作物秸秆和牧草等生物质间接的转化形式。

二、生物质特点

人类很早就懂得利用生物质作为资源和能源使用，其长期成为人类生产生活的主要能源。进入工业化社会以后，化石能源才逐渐成为现代社会的主要能源。但随着不可再生的化石能源慢慢枯竭以及其使用过程中所带来的大量污染物（如粉尘、SO_2、NO_x、CO_2 等）造成生态环境恶化，寻求可再生的替代资源和能源已成为世界焦点。生物质是一种理想的可再生资源，生物质能一直是人类赖以生存的重要能源之一，是仅次于煤炭、石油、天然气之后的第四大能源，在整个能源系统中占有重要地位。生物质能与化石能源相比具有许多特点。

1. 生物质来源丰富，分布广泛，数量巨大

生物质存在于世界的各个角落，其蕴藏量相当巨大。据测算，地球上现有的植物生物质约有 1.85 万亿 t 干物质；全球约有 25 万种生物经光合作用每年产生的生物质有 0.18 万亿 t，其热当量约为 3×10^{21} J。地球上的植物进行光合作用所消耗的能量，占太阳照射到地球总辐射量的 0.2%。这个比例虽不大，但绝对值很惊人：经由光合作用转化的太阳能是目前人类能源消费总量的 10 多倍。若人类仅利用全球

生物量的 7%，就可以解决资源、能源等难题。

2. 生物质具有可再生性

生物质主要由绿色植物利用太阳能通过光合作用合成，而太阳能是可再生能源，取之不尽，用之不竭。只要有太阳存在，地球绿色植物的光合作用就不会停止，生物质便可永续再生。生物的多样性和可再生性，决定了生物质品种和形态的多样性和生物质能的长期利用，决定了生物质的利用形式和利用设备的多样性。

3. 生物质具有易燃烧和低污染性

生物质中所含挥发分组分很高，在温度 400℃ 左右析出大部分挥发组分，然而工业煤在 800℃ 时才析出 30% 左右的挥发分（袁振宏等，2004）。

生物质的硫、氮和灰分含量少，燃烧过程粉尘、SO_2、NO_x 的排放少（吴创之等，2003）。生物质的能源利用过程是植物的光合作用和燃烧反应的可逆循环利用过程，从而使整个能源利用系统的 CO_2 净排放为零，替代化石燃料可以大幅减少污染物排放，有利于保护环境（张瑞芹等，2004）。

4. 生物质具有与常规能源利用兼容的特点

常规的能源如煤、石油和天然气都是由生物质转化而来的，常规能源和生物质都具有相似的内部结构，故都可以采用相似的技术处理。生物质能转变为电力，也可以转变为固态、液态或者气态燃料。

三、生物质利用对减少温室气体排放潜力巨大

生物质能源是唯一可替代化石能源转化成各种形态的燃料以及其他化工原料或者产品的碳资源。在各种可再生能源中也是唯一的能直接储存和运输的能源。由于核能、大型水电具有潜在的生态环境风险，风能和地热等受区域性资源制约，大力发展遭到限制和质疑，而生物质能却以遍在性、丰富性、可再生性等特点得到人们认可。

生物质使用过程中排放 CO_2，植物通过光合作用吸收 CO_2，使得 CO_2 在自然界完成碳循环，即 CO_2 净排放为零，因此生物质可以称为碳中性能源（Basu P，2013）。从可持续角度考虑，这个循环过程实现了 CO_2 吸收与排放平衡，在周期上与化石燃料燃烧排放 CO_2 相比大大缩短。

随着传统化石能源的大量使用，给全球带来了严重的环境污染等问题。生物质能作为一种绿色、清洁、可再生的新能源是未来发展的主要能源之一，在解决未来能源需求、全球变暖、生态环境保护方面有着重要地位。因此，利用生物质能源替代化石能源，减少 CO_2 排放和防止全球环境继续恶化的作用十分显著（陈雅琳等，2010），其对减少 CO_2 排放的贡献应该得到足够的重视。

我国生物质能源利用占生物质资源总量的比例还不到 8%（国际能源局，2016），因此，生物质利用领域碳减排潜力巨大，积极探索和应用此领域碳减排方法学对推动生物质利用项目的实施，减少温室气体排放和减缓全球气候变暖意义重大。

第四节 生物质利用项目碳减排方法学应用前景广阔

一、生物质利用国内外发展现状和趋势

1. 国外发展现状和趋势

生物质能是世界上重要的新能源，应用广泛，在应对全球气候变化、能源供需矛盾、保护生态环境等方面发挥着重要作用，成为国际能源转型的重要力量。

生物质发电：截至 2015 年，全球生物质发电装机容量约 1 亿 kW，其中美国 1 590 万 kW、巴西 1 100 万 kW。生物质热电联产已成为欧洲，特别是北欧国家重要的供热方式。生活垃圾焚烧发电发展较快，其中日本垃圾焚烧发电处理量占生活垃圾无害化处理量的 70% 以上。

生物质成型燃料：截至 2015 年，全球生物质成型燃料产量约 3 000 万 t，欧洲是世界最大的生物质成型燃料消费地区，年均约 1 600 万 kt。北欧国家生物质成型燃料消费比重较大，其中瑞典生物质成型燃料供热约占供热能源消费总量的 70%。

生物质燃气：截至 2015 年，全球沼气产量约为 570 亿 m^3，其中德国沼气年产量超过 200 亿 m^3，瑞典生物天然气满足了全国 30% 车用燃气需求。

生物液体燃料：截至 2015 年，全球生物液体燃料消费量约 1 亿 t，其中燃料乙醇全球产量约 8 000 万 t，生物柴油产量约 2 000 万 t。巴西甘蔗燃料乙醇和美国玉米燃料乙醇已规模化应用。

生物质能多元化分布式应用成为世界上生物质能发展较好国家的共同特征。生物天然气和成型燃料供热技术和商业化运作模式基本成熟，逐渐成为生物质能重要发展方向。生物天然气不断拓展车用燃气和天然气供应等市场领域。生物质供热在中、小城市和城镇应用空间不断扩大。生物液体燃料向生物基化工产业延伸，技术重点向利用非粮生物质资源的多元化生物炼制方向发展，形成燃料乙醇、混合醇、生物柴油等丰富的能源衍生替代产品，不断扩展航空燃料、化工基础原料等应用领域。

2. 国内发展现状和趋势

我国生物质资源丰富，能源化利用潜力大。全国可作为能源利用的农作物秸秆及农产品加工剩余物、林业剩余物和能源作物、生活垃圾与有机废弃物等生物质资源总量每年约 4.6 亿 t 标准煤。截至 2015 年，生物质能利用量约 3 500 万 t 标准煤，其中商品化的生物质能利用量约 1 800 万 t 标准煤。生物质发电和液体燃料产业已形成一定规模，生物质成型燃料、生物天然气等产业已起步，呈现良好发展势头。

生物质发电：截至 2015 年，我国生物质发电总装机容量约 1 030 万 kW，其中，农林生物质直燃发电约 530 万 kW，垃圾焚烧发电约 470 万 kW，沼气发电约 30 万 kW，年发电量约 520 亿 kWh，生物质发电技术基本成熟。

生物质成型燃料：截至 2015 年，生物质成型燃料年利用量约 800 万 t，主要用于城镇供暖和工业供热等领域。生物质成型燃料供热产业处于规模化发展初期，成型燃料机械制造、专用锅炉制造、燃料燃烧等技术日益成熟，具备规模化、产业化发展基础。

生物质燃气：截至 2015 年，全国沼气理论年产量约 190 亿 m^3，其中户用沼气理论年产量约 140 亿 m^3，规模化沼气工程约 10 万处，年产气量约 50 亿 m^3，沼气产业正处于转型升级关键阶段。

生物液体燃料：截至 2015 年，燃料乙醇年产量约 210 万 t，生物柴油年产量约 80 万 t。生物柴油产业处于发展初期，纤维素燃料乙醇加快示范，我国自主研发生物航煤成功应用于商业化载客飞行示范。

"十二五"时期，我国生物质能产业发展较快，开发利用规模不断扩大，生物质发电和液体燃料产业形成一定规模。生物质成型燃料、生物天然气产业等发展已起步，呈现良好势头。"十三五"是实现能源转型升级的重要时期，是新型城镇化建设、生态文明建设、全面建成小康社会的关键时期，生物质能面临产业化发展的重要机遇。要把生物质能作为优化能源结构、改善生态环境、发展循环经济的重要内容，立足于分布式开发利用，扩大市场规模，加快技术进步，完善产业体系，加强政策支持，推进生物质能规模化、专业化、产业化和多元化发展，促进新型城镇化和生态文明建设。

根据国家能源局发布的《生物质能发展"十三五"规划》提出：到 2020 年，生物质能基本实现商业化和规模化利用。生物质能年利用量约 5 800 万 t 标准煤。生物质发电总装机容量达到 1 500 万 kW，年发电量 900 亿 kWh，其中农林生物质直燃发电 700 万 kW，城镇生活垃圾焚烧发电 750 万 kW，沼气发电 50 万 kW；生物天然气年利用量 80 亿 m^3；生物液体燃料年利用量 600 万 t；生物质成型燃料年利用量 3 000 万 t。

二、生物质利用项目碳减排方法学开发现状

1. CDM 项目方法学开发现状

清洁发展机制（CDM）是《京都议定书》确立的协助发达国家以较低成本实现减排目标的三个灵活市场机制之一。为确保 CDM 项目减排量交易环境效益的完整性，即确保 CDM 项目能带来长期实际可测量和额外的减排量，需要建立一套有效、透明和可操作的方法学。方法学问题是能力建设的重要内容。作为监督 CDM 项目实施的主要机构，联合国 CDM 执行理事会专门成立了一个方法学小组，负责审批新提交的方法学，对其规则不断进行修改和完善，但修改和完善的过程是一个与 CDM 项目的具体实践相伴随的长期处理过程。

截至 2018 年 7 月，联合国 CDM 执行理事会已批准了 90 个大规模项目方法学、25 个整合方法学、97 个小规模项目方法学、2 个造林和再造林及 2 个小项目造林和

再造林方法学，内容涉及能源工业（可再生能源/不可再生能源）、节能与提高能效、能源分布、能源需求、制造、化工、建筑、交通运输、矿产品、金属生产、燃料的飞逸性排放（固体燃料、石油和天然气）、碳卤化合物和六氟化硫的生产和消费产生的飞逸性排放、溶剂的使用、废物处理与处置、造林与再造林和农业等 15 个行业领域。

2. 中国温室气体自愿减排项目方法学开发现状

中国自愿减排交易机制的发展主要以联合国清洁发展机制作为参考，2012 年 6 月国家发改委发布了《温室气体自愿减排交易管理暂行办法》，目的在于保障中国自愿减排交易能够顺利进行。基于对国内减排项目和国内外市场需求的考虑，我国的自愿减排碳交易参考国际 CDM 交易所涵盖的内容，以诚信、公开、公正、公平为原则，减排量的计算体现在具体项目中，具有可测量性、真实性和额外性。其中，可测量性是指能够采用自愿减排方法学（经由国家主管部门备案）对项目减排量进行计算，并通过国家相关部门审核。将 CDM 方法学进行评估并备案，最终形成自愿减排方法学。除此之外，自愿减排方法学中还包括一部分由国内项目开发者根据国内发展实情而开发的并经相关部门评审和备案的新方法学。

截至 2018 年 7 月，国家发改委共公布 12 批（共 200 个）自愿减排方法学，其中包括 109 个常规项目方法学，86 个小型项目方法学，5 个农林项目方法学。方法学涉及节能和提高能效、新能源和可再生能源、燃料替代、CH_4 回收利用、造林和再造林等诸多领域。其中，节能和提高能效及新能源和可再生能源类方法学占比均较大。节能和提高能效类涉及行业较多，例如集中供热、煤改气、余热发电、蒸气 – 燃气联合循环发电等技改类行业，此类方法学数量最多，占方法学总数量的 26%；其次为新能源和可再生能源类方法学，占比为 12%，涉及风能、太阳能、天然气等能源利用。

3. 生物质利用项目碳减排方法学开发现状

生物质沼气制取和利用，生物质发电和/或供热，生物柴油生产，锅炉供热使用生物质，垃圾填埋气利用，生物质燃气生产，植物油生产，生物质废弃物作为生产原料使用等生产和生活活动都涉及生物质利用。由于生物质的可再生性和对环境的友好性，生物质资源的开发利用不仅是解决资源和能源持续发展的重要途径，也是减少温室气体排放的有效途径之一。但开发这类项目较常规项目相比技术还不够成熟，更需要投入大量资金，项目的推广受到限制。

CDM 机制和中国温室气体自愿减排机制为开发这类项目提供了新的途径，为发展中国家尤其是为我国推广普及生物质利用项目提供资金和技术援助。纵观 CDM 项目方法学和中国自愿减排方法学基本上已经涵盖了我国国内的生物质利用碳减排项目适用领域，为国内项目业主和开发机构开发碳减排项目提供了广阔的选择空间。但是开发生物质利用碳减排项目还存在新方法学开发及方法学应用上的障碍，相关方法学存在着一定的局限性和不适应性。对此应该加强开发各种类型的生物质利用项目工作。只有通过不断的项目开发，有了实际项目作为依据，才能进一步完善各个方法学，使碳减排方法学与我国不断发展的碳减排市场相适应。

4. 本书的研究内容

基于碳减排方法学问题在实施 CDM 项目和中国自愿减排项目方面的重要性，需要进一步开展研究工作以克服生物质利用领域相关方法学在应用上的障碍。本文详细梳理了碳减排项目开发现状，全面分析碳减排方法学理论，重点研究讨论农村户用沼气利用、生物质热电联产和生物质废弃物用作原料生产人造板等生物质利用情景，分析上述生物质利用项目对温室气体减排的效果，并系统地探讨与分析其基准线方法学与相应的监测方法学，提出一个可量化的评估生物质利用碳减排项目的标准方法，为在我国大规模开展生物质利用项目提供理论依据，同时为项目开发和审批提供了可供参考的量化工具，评估的结果还可作为能源战略规划决策的参考依据。

第二章 碳减排机制政策剖析与实践运行

第一节 CDM 政策剖析

一、CDM 的内涵

《京都议定书》中引入的三个"灵活机制"为排放权交易（Emissions Trading）、联合履行（Joint Implementation）和清洁发展机制（Clean Development Mechanism），以帮助发达国家实现其减排目标，同时也可以帮助发展中国家在国际碳排放权交易中获得资金和技术，有助其可持续发展。由于发达国家国内普遍使用较为先进的技术和设备，通过进一步更新技术设备、提高能源效率来实施温室气体减排会产生较高的成本，这使发达国家将目光转向《京都议定书》确定的基于项目的国际合作碳减排机制——清洁发展机制，即 CDM。

CDM 的基本含义是：在《京都议定书》中做出定量减排承诺的国家（签订附件一国家）可以通过在发展中国家（签订附件二国家）进行既符合发展中国家可持续发展政策要求又产生温室气体减排效果的项目投资，以此换取投资项目产生的部分或全部减排额度，作为其履行减排义务的组成部分。发展中国家可以通过 CDM 从发达国家获取必要的减排资金与技术，以避免走发达国家工业化过程中先污染后治理的旧路，实现社会经济的可持续发展。CDM 的核心是通过发达国家与发展中国家进行项目级的合作，实现温室气体减排量的转让与获得。

CDM 的基本假设是：从大气循环的角度看，排放的增长和减少与地理位置无关。由于温室气体在全球范围内的影响对人类整体来说是一致的，因此在全球范围内的任何地方进行的温室气体减排都被认为是具有相同环境效益的。这一前提的确立为发展中国家和发达国家之间的减排合作创造了条件。

通过参与 CDM 项目合作，发达国家可以获得项目产生的核证减排量（CERs），用于履行其在议定书下的温室气体减排义务，发展中国家除可以获得出售 CERs 产生的收益外，还可以获得支持项目的资金和先进技术，项目的完成也促进了项目所在国的可持续发展，包括改善环境、增加就业和收入、改善能源结构、促进技术发展等。因此，清洁发展机制是一种双赢机制，也是一种造福机制（李俊峰等，2005）。

CDM 为中国利益相关者提供了一系列的契机：对于我国政府，CDM 可以为落实科学发展观提供资金和技术推动；对于国内企业，CDM 是促进中国企业自愿承担企业社会责任的一种积极的激励手段（额外的外资来源），并通过提高资源使用效率增强竞争优势；对于公民社会，如果设计得当，CDM可以给地方带来好处，比如减少使用化石能源对健康的危害，确保更加安全可靠的能源供应，促进经济发展和公众参与项目设计以满足当地的需要。

二、中国开展CDM项目的政策

1. 中国制定有关CDM项目政策的基础

任何一个国家政策的制定，都是建立在一定的国情基础上的。中国政府制定自己有关CDM项目的政策，当然也从我国国情的考虑。

第一，中国政府认识到气候变化问题对自然生态系统和社会经济发展的潜在威胁，特别是对于中国这样一个幅员辽阔、人口众多、经济发展水平不高的国家，由于适应能力的限制，所受到的影响将可能比许多国家要大。因此，中国政府对气候变化问题给予高度重视。同时，强调需要对有较大不确定性的问题开展进一步研究。在对气候变化问题科学认识的基础上，中国政府对参与国际社会应对气候变化的努力采取了积极的态度。中国是最早批准公约的10个国家之一。中国政府于1998年5月正式签署《京都议定书》，并于2002年8月正式核准了《京都议定书》，为《京都议定书》最终能生效做出了非常积极的贡献。

第二，中国要求发达国家率先采取实质性的减排行动，反对为发展中国家设定不合理的义务。《联合国气候变化框架公约》（以下称《公约》）已经明确规定，在应对气候变化的行动中，发达国家应该率先采取实际行动，努力减少其温室气体的排放量。发达国家能否有效地减少其温室气体的排放量，是实现公约的最终目标和全球减排的关键。

广大发展中国家要求发达国家率先采取行动，有着充分的理由。一方面，无论从历史上还是现状来看，发达国家的温室气体排放量都占了全球排放总量的大部分，他们的人均温室气体排放量更是远远高于绝大多数发展中国家，因此，发达国家有责任采取切实的减排行动；另一方面，减排温室气体，最重要的是开发和利用先进技术，以降低温室气体的排放量。发达国家的经济、技术水平远高于发展中国家，先进技术大多掌握在发达国家手中，因此，发达国家有资源和能力减少温室气体排放。

发达国家和发展中国家在造成全球气候变化的历史责任和应对气候变化的实际能力方面有着巨大的差别。正是基于这样的原因，《公约》提出了发达国家与发展中国家"共同但有区别的责任原则"，明确发达国家应率先采取减排温室气体的行动，而经济和社会发展及消除贫困是发展中国家缔约方首要的和压倒一切的优先事项。因此，在《京都议定书》谈判时，明确了不能为发展中国家增加《公约》以外的新义务。中国政府始终反对为发展中国家设定不合理的减少温室气体排放的义务。

第三，在自己的能力范围内，为缓解全球气候变化做出贡献。中国坚决反对要求发展中国家承担减、限排温室气体具体义务的不合理要求,并不表明中国不会采取措施应对气候变化问题。恰恰相反,从 20 世纪 80 年代以来,中国在自己的能力允许范围内,采取了多项有利于减缓气候变化的政策措施,包括制定和实施可持续发展战略、提高能源效率、改善能源结构、开发可再生能源、植树造林等,有效地降低了温室气体的增长速度。在约 30 年的时期里,在经济高速发展的情况下,中国的能源消费增长速度只有国内生产总值增长速度的一半左右,由此也减缓了相应的温室气体排放增长速度。

第四,在应对气候变化方面,积极寻求国际社会的支持与合作。尽管中国根据自己的国情和能力,采取了有利于缓解气候变化的行动。但是,必须看到,中国的经济发展水平还不高,人均国内生产总值远远低于发达国家水平,在发展过程中还存在着一系列亟需解决的问题。因此,促进经济发展、改善人民生活将是中国今后相当长时期内的优先任务。由于受有限的资源和技术水平的制约,中国应对气候变化的能力还是相当有限的。

国际社会的合作,特别是发达国家的资金和技术援助,可以在增强中国应对气候变化能力方面发挥积极的作用。目前,虽然得到与一些国际组织和外国政府的合作,但这些合作还远不能满足需求。因此,继续寻求国际社会的合作,以增强中国应对气候变化的能力,将是一项长期的工作。

2. 我国关于 CDM 项目的一般要求

在中国境内实施的 CDM 项目必须满足如下基本要求:

(1) 应符合中国的法律法规和可持续发展战略、政策,以及国民经济和社会发展计划的总体要求;

(2) 不能承担《公约》和《京都议定书》规定之外的任何新的义务;

(3) 项目合作必须经过中国政府批准;

(4) 发达国家缔约方用于 CDM 的资金,应额外于现有的官方发展援助资金和其在《公约》下承担的资金义务;

(5) 项目活动应促进有益于环境的技术转让;

(6) 应保证透明、高效和可追究的责任;

(7) 在中国境内从事与 CDM 项目相关活动的任何机构和个人均应遵守中国的法律法规。

3. 中国开展 CDM 项目的管理体制

(1) 国家气候变化对策协调小组。国家气候变化对策协调小组为 CDM 重大政策的审议和协调机构,其主要职责是审议相关国家政策、规范和标准,批准项目审核理事会成员等。

(2) CDM 审核理事会。该理事会由国家发展和改革委员会、科技部、外交部、国家环保总局、中国气象局、财政部和农业部等单位组成。其主要职责是:审核项目管理中心初审合格的 CDM 项目，特别是项目预计产生的减排量；提出 CDM 项目活动的运行规则和程序；向国家气候变化对策协调小组报告 CDM 项目执行情况和实施过程中的问题及建议等。

（3）国家发展和改革委员会。作为中国政府开展 CDM 项目活动的对外主管机构，其主要职责是：依据项目审核理事会的审核结果，会同科技部和外交部批准 CDM 项目；代表中国政府出具项目批准文件；受项目审核理事会的委托，成立项目管理中心。

（4）CDM 项目管理中心。为加强对 CDM 项目的管理，设立了 CDM 项目管理中心。其主要职责是：受理 CDM 项目申请；负责组织项目初审，向项目审核理事会上报初审合格项目，并报告项目执行情况；根据实际工作需要，负责 CDM 项目的对外联络，参与项目的对外谈判；建立 CDM 项目信息系统，提供项目的开发和管理信息，并负责将经 CDM 执行理事会签发的 CDM 项目产生的核证减排量登记和录入信息系统；对 CDM 项目实施必要的监督管理；开展相关的能力建设活动，提供相关的管理、技术咨询服务。

4. 对项目实施机构的要求

项目实施机构是指具体的 CDM 项目承担单位。承担单位应是中国境内的中资企业和中资控股企业。其义务如下：

（1）向政府管理部门提出 CDM 对外合作项目申请，并提交项目设计文件。

（2）承担 CDM 项目的对外谈判。

（3）负责 CDM 项目的工程建设，并定期报告工程建设情况。

（4）具体实施 CDM 项目，编制并执行 CDM 项目减排量的自我监测计划，保证该减排量是真实的、可测量的、长期的和额外的。

（5）接受经营实体（DOE）对项目合格性和项目减排量的核实；提供必要的资料和监测记录并报项目管理中心备案。在信息交换过程中，应依法保护国家秘密和正当商业秘密。

（6）向政府管理部门报告 CDM 项目产生的核证减排量。

（7）承担应由其履行的其他义务。

综上所述，我国政府为应对全球气候变化采取了与国际社会非常积极合作的态度，在坚持发达国家和发展中国家"共同但有区别的责任原则"的基础上，积极主动采取措施来应对气候变化问题，在推动《京都议定书》谈判并使之生效的过程中做出了应有的贡献。在推动开展中国的 CDM 项目上，成立了相应的管理机构，制定了符合我国产业可持续发展的 CDM 项目要求，并对实施机构提出了明确要求，为指导开展我国 CDM 项目创造了条件，为我国 CDM 项目的顺利实施和大规模开展奠定了基础。

三、CDM 项目开发流程

开发一个 CDM 项目的步骤流程（图 2 - 1）跟一个传统项目的开发过程既相似

又有其独特之处，其开发流程分为项目设计阶段和项目运行阶段（CDM 执行理事会，2004）。

1. 项目设计阶段

项目业主要对项目有一个整体概念，在项目实施之前做好可行性分析，如果项目的前期分析结果表明这个项目确实可行，那么接下来就要准备好项目的设计文件，完成项目设计文件后，项目业主按照 CDM 执行理事会颁布的标准格式提出项目报告，将该项目报告提交给所在国政府批准；在政府批准后，将批准凭证和项目文件提交给一个获得授权的经营实体进行项目审定；受邀的项目经营实体将与项目业主签署合作合同，依据 CDM 的各项规则要求，对所申报的项目进行逐条审查；当经营实体在经过审查后认为所报批的项目合格，则应将项目审定报告提交给 CDM 执行理事会申请注册；CDM 执行理事会如果没有 3 名以上的 CDM 执行理事会成员反对，应在 8 周内批准注册项目；项目获得注册成功，标志着 CDM 项目设计阶段的工作完成。

2. 项目运行阶段

项目业主根据项目设计文件所提出的项目监测方案监测项目实施情况；在项目执行一段时间（比如一年）后，邀请另一家经营实体对项目所产生的减排量进行核查；项目经营实体根据项目监测报告，计算出项目实际产生的减排量，完成项目核查报告，并将其报送给 CDM 执行理事会审批；CDM 执行理事会在接到请求后，如果没有 3 名以上的 CDM 执行理事会成员反对，应该在 15 天内批准签发该项目的核证减排量，并迅速将其发送到项目业主所同意的专用"账户"上（UNFCCC，2001）。其后在项目每执行一段时间的过程，将重复以上从项目实施、签发核证减排量到专用账户的过程（图 2 - 1）。

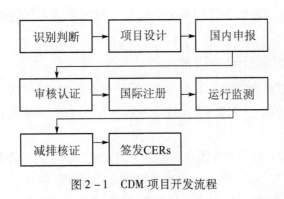

图 2 - 1　CDM 项目开发流程

第二节　CDM 项目开发现状分析

一、CDM 项目注册数量分析

据 CDM 执行理事会统计，截至 2018 年 6 月，全世界 CDM 项目注册数目为 7 800 个。图 2 - 2 描述了世界各国已注册 CDM 项目的分布情况。

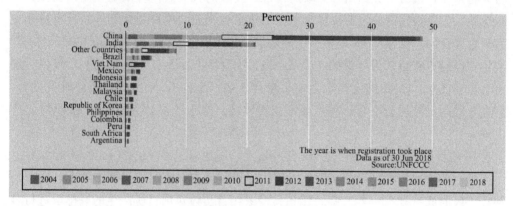

图 2 - 2　世界各国已注册的 CDM 项目分布情况

来源：UNFCCC 网站。

从图 2 - 2 可知，在所有东道主国家中，成功注册的项目数量排在最前的国家依次为：中国 3 764（48.3%）、印度 1 663（21.3%）、巴西 342（4.4%）、越南 255（3.3%）、墨西哥 192（2.5%）、印度尼西亚 147（1.9%）、泰国 144（1.8%）和马来西亚 143（1.8%）。其他东道主国家/地区所占份额之和仅接近 15%。我国 CDM 项目注册数目一直处于领先水平，彰显了我国在应对气候变化方面的决心和努力。

二、CDM 项目预计年减排量分析

据 CDM 执行理事会统计，截至 2018 年 6 月，全世界已注册 CDM 项目预计年减排量为 100 587t CO_2e。图 2 - 3 描述了世界各国已注册 CDM 项目按预计年减排量的分布情况。

从图 2 - 3 可知，在所有东道主国家中，成功注册的项目按预期减排量排在最前的国家依次为：中国（59.3%）、印度（11.6%）、巴西（4.9%）、韩国（2.0%）、墨西哥（2.0%）、越南（1.8%）、印度尼西亚（1.8%）、智利（1.1%）和秘鲁（1.1%）。其他东道主国家/地区所占份额之和为 9.6%。

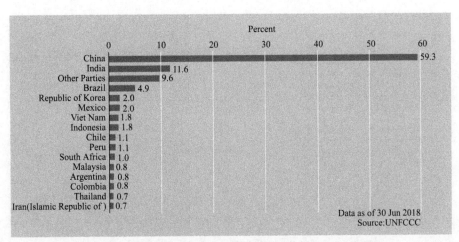

图 2-3　世界各国已注册的 CDM 项目按预计减排量分布情况

来源：UNFCCC 网站。

三、CDM 项目签发 CERs 分析

据 CDM 执行理事会统计，截至 2018 年 6 月，全世界已注册 CDM 项目签发的 CERs 总共约为 192 712 万 t CO_2e。图 2-4 描述了世界各国 CDM 项目签发 CERs 分布情况。

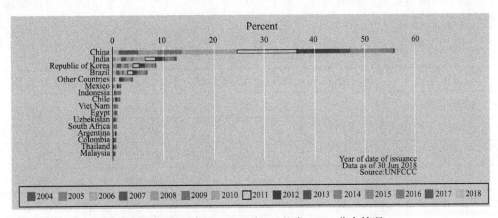

图 2-4　世界各国 CDM 项目已签发 CERs 分布情况

来源：UNFCCC 网站。

从图 2-4 可知，在所有东道主国家中，签发的 CERs 量最多的国家为中国 107 832 万 t CO_2e（56.0%），其次为印度（12.7%）、韩国（8.6%）、巴西（7.0%）。

四、CDM 项目按行业分布分析

据 CDM 执行理事会统计，截至 2018 年 6 月，在 15 个行业类别中均有 CDM 项目注册。图 2-5 描述了世界各国已注册 CDM 项目按行业分布情况。

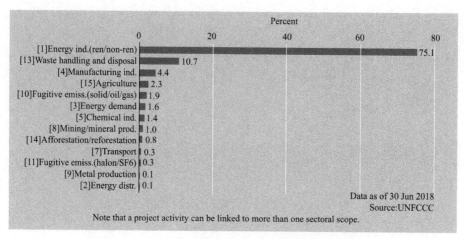

图 2 - 5　世界各国已注册的 CDM 项目按行业分布情况

从图 2 - 5 可知，在已注册的 CDM 项目中，能源工业（可再生/非可再生）项目数占 75.1%，其次为废物处理与处置占 10.7%、制造工业占 4.4%、农业占 2.3%，其余占 7.5%。

五、中国 CDM 项目开发情况分析

据中国清洁发展机制网统计，截至 2018 年 6 月，我国已注册 CDM 项目按减排类型分布情况如表 2 - 1 所示。

表 2 - 1　中国已注册 CDM 项目数量及预计减排量

减排类型	项目数量/个	数目百分比/%	估计年减排量/t CO$_2$e	减排量比重/%
节能和提高能效	256	6.72	51 092 174	8.15
新能源和可再生能源	3 173	83.34	397 090 015	63.32
燃料替代	28	0.74	22 005 212	3.51
甲烷回收利用	237	6.23	52 104 949	8.31
N$_2$O 分解消除	43	1.13	28 181 743	4.49
HFC - 23 分解	11	0.29	66 798 446	10.65
垃圾焚烧发电	34	0.89	5 164 306	0.82
造林和再造林	4	0.11	156 486	0.02
其他	21	0.55	4 568 326	0.73
合计	3 807	100	627 161 657	100

数据来源：中国清洁发展机制网（http://cdm.ccchina.org.cn）。

根据表 2-1 可知，新能源和可再生能源 CDM 项目数量占总数的 83.34%，而且产生的减排量占总量的 63.32%，可见其行业发展迅速，减排潜力巨大。

第三节　中国碳交易市场和自愿减排机制

一、中国碳交易市场建设历程

为了缓解气候变化，控制温室气体排放，《"十二五"控制温室气体排放工作方案》于 2011 年年底由国务院印发。在此方案中，明确提出了我国"探索建立碳排放交易市场"的具体要求。同年 10 月，国家发改委下发《关于开展碳排放权交易试点工作的通知》，目的是进一步落实"十二五"规划中关于逐步建立国内碳排放权交易市场的要求，明确指出在深圳市、北京市、天津市、上海市、重庆市、湖北省、广东省（省级）建设、发展碳排放权交易试点（范晓芸，2016）。我国的 7 个试点已经全部启动上线交易。下面介绍主要的 5 个试点。

1. 深圳

深圳市碳排放权交易所于 2013 年 6 月 18 日正式开市，这标志着我国第一个碳排放权交易所正式开业。同年 12 月 16 日，该交易所正式发布《关于投资者异地自助开户的通知》。通知发布后，广大投资者不必出门便可以在该交易所设立账户，进行碳市场的相关了解和投资。国家外汇管理局于 2014 年 8 月 8 日正式批复同意境外投资者可以参与我国国内的碳排放权交易。2014 年下半年，深圳碳市场试点是我国第一家被批准可以引进境外投资者的交易试点，也是我国目前为止唯一的一家。和其他六个试点地区相比较，深圳对项目类型和项目地区进行了限制，然而并没有限制项目减排量产生的时间。就项目类型而言，深圳碳市场的项目类型包括新能源和可再生能源项目类型中的太阳能发电、垃圾焚烧发电、风力发电、生物质发电和农村户用沼气项目，农业减排项目，海洋固碳减排项目，清洁交通减排项目，林业碳汇项目五大类。针对项目类型的不同，深圳对项目地区也做出了不同的限制，但是农业减排和林业碳汇项目除外。

2. 北京

北京市正式建设碳交易试点的时间是 2012 年 3 月。经过 1 年多的时间，在 2013 年 11 月 28 日正式开市交易。北京碳市场的交易产品最为多样，不仅包括 7 个试点碳市场均有的交易品种，如中国核证自愿减排量和碳排放配额等。而且还包含基于该市市情推出的特色产品，例如节能项目和林业碳汇项目产生的减排量等。各交易产品具有较好的流动性，其通过交易平台，依据不同功能进行定位，在市场主体间实现了有序流转。北京开始逐渐成为全国碳交易的枢纽。碳交易是具有地域限制的，但是北京环交所在 2014 年年底打破了这种限制，与河北承德市合作，共同着手建设我国第一个具有突破意义的、跨区域性质的碳交易市场。2016 年，北京市与内蒙古的跨区域碳排放权交易也正式开展。

3. 广东

广东省正式启动碳排放权交易的时间是 2013 年 12 月 19 日。在 7 个试点地区中，作为第一个上线运行的省级碳交易试点，广东结合自身特点进行了许多创新性探索：首创了碳强度减排目标下的配额总量管理制度、存量企业与新上项目分别预算管理与流转衔接制度、省市分级管理制度，不仅首先尝试定期拍卖机制和配额有偿发放，而且也是将免费分配与有偿分配相结合的唯一试点地区。

4. 天津

天津市正式启动碳排放权交易的时间是 2013 年 12 月 26 日，成为我国第五个启动碳排放权交易试点的城市。和其他试点省市相比，天津市是唯一既参与了低碳城市和低碳省区，又参与了区域碳排放权交易试点和温室气体排放清单编制的直辖市。天津在碳交易的交易范围、产品类型、制度设立等方面也自成一套体系。配额发放方面，除了电力热力行业依旧按照基准法分配配额外，其他企业统一采用历史法，再结合企业当年实际产量予以确定。

5. 湖北

湖北省正式启动碳排放权交易的时间是 2014 年 4 月 2 日，成为我国第六个碳交易试点，湖北的碳交易试点成立时间虽然比较晚，但却取得了不错的成绩。2014 年交易总量、总金额、投资者数量、累计日均成交量和省外引资金额等主要市场指标遥遥领先，碳金融创新的数量、种类和规模也名列前茅。湖北碳交易试点的成功具有重要意义，表明了在中部地区、工业结构偏重地区开展碳交易也是可以实现的。

习近平主席和美国前总统奥巴马于 2015 年 9 月联合发布《中美元首气候变化联合声明》，明确宣布我国于 2017 年正式启动全国碳排放交易体系。2016 年 1 月发布的《国家发展改革委办公厅关于切实做好全国碳排放权交易市场启动重点工作的通知》表明，全国碳排放权交易市场第一阶段将涵盖石化、化工、建材、钢铁、有色、造纸、电力、航空等重点排放行业。2016 年 4 月 22 日，我国签署《巴黎协定》，承诺将积极做好国内的温室气体减排工作，加强应对气候变化的国际合作，展现了全球气候治理大国的巨大决心与责任担当。在此背景下，我国碳市场建设的步伐进一步加快，在 2016 年年底前完成国家立法、数据准备、配额分配、支撑系统建设等各项准备工作。作为中国应对气候变化的政策与行动的一部分，我国启动的碳排放权交易试点工作已平稳运行多年，取得显著成果，为全国碳市场的建设积累丰富经验，奠定坚实基础。

2017 年 12 月 19 日，国家发改委召开新闻发布会，宣布经国务院同意已印发了《全国碳排放权交易市场建设方案（发电行业）》（以下简称《方案》），标志着我国碳排放交易体系完成了总体设计，并正式启动。《方案》明确，全国碳市场将建立起三个制度和四个支撑系统，分别是碳排放 MRV（监测、报告、核查）制度，重点排放单位的配额管理制度，市场交易的相关制度，以及碳排放的数据报送系统、碳排放权注册登记系统、碳排放权交易系统和结算系统。

碳市场建设分三个步骤：在准备阶段（2017年），碳市场管理者要为碳市场建章立制；各地方政府要支持中央碳市场管理部门，做好相关纳入企业的能力建设、纳入企业排放的 MRV 以及各个碳市场部门的协调工作。

在启动阶段（2017—2020年），政府要作为市场的监督者和指导者，处理好政府和市场的关系；企业要把碳排放权作为资产来管理，运用市场化手段建立企业碳资产的管理制度。

随着碳市场逐渐成熟，即进入发展阶段（2020年后），企业低成本地实现减排目标，政府也实现排放总量的控制。

二、中国自愿减排交易机制

1. 中国自愿减排交易机制发展历程

我国作为发展中国家，虽然不需要依据《京都议定书》的要求承担强制性的碳减排义务。但是作为世界上的碳排放大国，我国一直在"自愿减排"方面做出自己的最大努力，为全球碳减排事业做出贡献。温室气体自愿减排交易既能体现交易主体的社会责任和低碳发展需求，又能推动实现温室气体控排目标，促进能源消费和产业结构低碳化。自愿减排是我国开展碳交易的主要方式之一，也是必要方式（刘月，2014）。我国须在技术改革和开展碳减排项目上做出巨大的努力，才能实现减排的目标（李洋，2017）。

2010年，中国参照国际规则自主研发了《中国自愿碳减排标准》。该标准的提出使得我国碳减排项目有标准可依，经过该标准体系审定和核查的碳减排量具有权威性，能够得到国内外的碳市场认可（羊志洪，2011）。2012年6月，国家发改委发布了《温室气体自愿减排交易管理暂行办法》，该暂行办法致力于构建统一、规范、公信力强的温室气体自愿减排交易体系，奠定了温室气体自愿减排交易体系制度基础，明确了管理范围和主管部门，构建了交易原则等基本规则，制定了自愿减排方法学、项目、减排量、交易机构、审定和核证机构申请备案的要求和程序。这部法规使我国自愿减排市场的操作有了参考依据。

基于对国内减排项目和国内外市场需求的考虑，我国的自愿减排交易主要参考国际上清洁发展机制项目的运行方式，学习和引用国际成功经验，以提高国内自愿减排交易市场的质量和效率（周泓，2013）。

2. 中国自愿减排项目开发流程

（1）项目备案流程

根据《温室气体自愿减排交易管理暂行办法》，参与自愿减排交易的项目首先需要在国家主管部门进行项目登记备案。具体开发步骤如下：

第一步：开发项目设计文件；

第二步：确定审定机构并公示项目设计文件；

第三步：审定并编制审定报告；

第四步：编写申请材料并报送至国家发改委；

第五步：专家技术评估；

第六步：国家主管部门审查及登记备案。

（2）减排量备案流程

根据《温室气体自愿减排交易管理暂行办法》，备案项目所产生的减排量需要在国家主管部门进行减排量备案后才能在相关的交易机构内进行交易。

3. 中国自愿减排项目开发现状

根据中国自愿减排交易信息平台网站的统计数据，截至 2017 年 3 月，经公示审定的温室气体自愿减排项目已经累计达 2 871 个，备案项目 1 047 个，实际减排量备案项目约 400 个，备案减排量约 7 200 万吨 CO_2 当量（t CO_2 e）。

自愿减排项目涉及可再生能源利用、天然气利用、公共交通、建筑、碳汇造林、固体废弃物处理、甲烷利用、生物质利用、农业等十几个行业领域，其中以可再生能源利用、甲烷利用和生物质利用行业的项目居多。

第三章　碳减排项目方法学理论基础

本书所述碳减排项目方法学主要指清洁发展机制和中国温室气体自愿减排交易机制下进行碳减排项目开发所依据的方法学。方法学是审查碳减排项目合格性以及估算和计算项目减排量的基础。中国温室气体自愿减排方法学主要以 CDM 方法学为参考，因此下文以 CDM 方法学的理论基础为重点分析内容。

第一节　CDM 基准线方法学

一、基准线

1. 基准线的概念

基准线是指为了提供与 CDM 项目同样的产品或服务，在没有该项目的情景下将出现的温室气体排放量。基准线情景应涵盖项目边界内《京都议定书》附件 A 所列的 6 种温室气体、排放部门和排放源类别等，是一种假设的情景，而且应当是最可能的情景。根据《马拉喀什协议》中关于 CDM 的模式和程序规定的途径而得出就应当被认为是合理的基准线，也即在东道国的技术条件、财务能力、资源条件和法规政策下，合理地出现的排放水平情景。这往往代表一种或几种已商业化并占国内市场主流的技术设备的能效水平及相应的排放水平。

基准线相当于一杆秤，与基准线对比，CDM 项目活动的减排量，减排环境效益额外性，减排增量成本可以进行计算、评价、测量和核实。

2. 建立项目基准线方法学

基准线方法应满足排放量的合理性、准确性、可靠性、可操作性、保守性、可推广性和低交易成本等基本要求。基准线方法学要讲究效率、透明度和可追究责任。建立基准线的基本要点是：

（1）由项目参与方按照有关规定使用已批准的和新的基准线方法学建立基准线；

（2）在选择具体步骤、假设、方法、参数、数据来源、关键因素和额外性时应采取透明和偏保守的方式，并考虑不确定性因素；

（3）应以具体项目为基础；

（4）在小规模 CDM 项目情况下，应符合为此而建立的简化模式和程序以及有关决定；

（5）应考虑东道国有关的国家和/或部门的政策和实情，比如部门改革方针措施、当地燃料来源、电力部门发展计划和项目所属部门的经济形势等。

在选择 CDM 项目的基准线方法时，应从下列方法中选择最适合该项目特点的一种：

（1）现有实际排放量或历史排放量，视可适用性而定；

（2）在考虑了投资障碍的情况下，一种代表有经济吸引力的主流技术所产生的排放量；

（3）过去 5 年在类似社会、经济、环境和技术状况下开展的、其效能在同一类别位居前 20% 的类似项目活动的平均排放量。

按具体层次分类，有以下三级基准线方法：

（1）项目级基准线和多项目级基准线：准确性高，但交易成本较高；

（2）技术标志基准线：标准性和可靠性好，交易成本较低，可在限定范围内采用；

（3）部门级和国家级基准线：对中国这样部门众多、技术构成多样的大国，部门级和国家级基准线不能反映具体项目的基准线真实排放强度情况。所以只有研究国家和部门减排潜力和战略的学术意义，而不具备作为 CDM 项目基准线的法定意义。

从全球范围 CDM 案例研究实践经验看，一些系统边界比较简单的减排项目，比如燃料替代、新建电厂等，有国家技术监督部门规定的能源效率技术标准要求可循，因此在取得足够经验和允许的条件下，采用技术标志基准线是一种可能的标准化趋势，而且依然可以逐个项目实施。而对于一些系统边界比较复杂的项目，如节能技改项目，系统内部能流走向依具体工艺流程而定，这时就得采用项目级基准线，具体情况具体分析。

对于多项目基准线，可以看成是单项目级基准线与技术标志基准线之间的折中情况。它是对一批具有同类技术和相似规模的基准线项目样本的加权平均值。

3. 基准线的技术应用

（1）识别基准线替代方案

在东道国国内市场上，对于新建项目，按该国技术政策、技术标准和法规政策及当地资源和财政条件，原来最可能采取的技术方案可识别为基准线替代方案；对于节能技改项目，技术上成熟、经济上有竞争力、资源上最丰富、商业上占优势的技术方案可识别为基准线替代方案。

（2）计算温室气体减排量

CDM 项目和基准线替代方案有两种比较条件：总量可比性和单产可比性。总量可比性指在满足同等的生产和服务水平的条件下，可就能耗总量以及相应的排放总量进行比较，而单产可比性指如果两者生产能力/服务规模不同，则可就单位产品/产量或单位服务水平，对相应的能效水平和相应的排放强度水平进行比较。

CDM 项目温室气体减排量具有实际、可测量和长期的特征。实际是指 CDM 项目活动引起的排放水平实际低于同等规模的相应的基准线的排放水平，而不是理论推断或间接推论的；可测量指 CDM 项目活动排放水平能够通过标准的测量仪器和方法给予直接测量和计算。对于基准线替代方案，可利用标准的技术经济资料、可靠的历史统计数据和合理的计算方法给予确定；长期指 CDM 项目能够在项目计入内正常运行，维持持续的减排环境效益。

（3）基准线须满足额外性的要求

环境效益额外性要求 CDM 项目应选取先进的、在东道国国内尚未商业化的环境无害技术，以保障获得额外的减排效益。关键是要能区分出基准线替代方案和 CDM 项目在技术可获性和经济性/盈利性方面的差距，确认 CDM 项目不可能成为基准线的组成部分。

东道国项目参与方在获得非商业性优惠条款和政策情况下（如政府补贴、减免税、低利率和还贷宽限期等）原先引进的或计划引进的先进技术项目不能构成基准线，不能因其投入运行而否定这类技术相对东道国的减排额外性。即考虑公平商业竞争环境下，按国内条件合理确定的基准线依然保障这类技术作为 CDM 项目的减排效益额外性。

考虑中国的实际情况，对于一个具体的 CDM 项目，有可能已有的基准线方法学不适用，需要提出新的方法学，这时需要按照《马拉喀什协议》中关于 CDM 的模式和程序的要求，通过一系列审批和认证程序，直至 CDM 执行理事会批准所建议的新基准线方法学方可使用。

二、额外性及评价方法

1. 额外性含义

额外性是 CDM 方法学的核心问题之一。其含义为 CDM 项目活动所带来的减排量相对于基准线是额外的，即在没有 CDM 支持情况下，项目由于某些障碍不会实施，其所产生的减排量也不会发生。这些障碍包括财务效益指标、融资渠道、技术风险、市场普及和资源条件等方面。

2. 额外性评价

额外性的论证与评价工具包含四个内容：识别可能的替代方案、投资分析、障碍分析、普遍性分析。评价一个 CDM 项目是否具有额外性，可以用正向和反向两种方法进行评价，由此对项目合格性进行筛选。

（1）正向评价法

正面考核四个基本问题，即：

①在没有 CDM 项目的情况下，类似技术和规模的项目是否早已按照商业运行或已经宣布按商业运作开工建设？如果是，说明这种项目减排量没有额外性。

②发达国家的官方援助资金是否已经用于购买该项目减排量？如果是，则该项

目不符合 CDM 资金义务额外性准则。

③该项目是否属于法规指令性项目必须上马？如果是，则说明该项目活动迟早须实施运行，其减排量不属于额外的。

④该项目的排放水平是否高于保守估计的基准线排放水平？如果是，则说明该项目根本不能带来减排环境效益。

只要对上述四个基本问题中任何一个的回答是肯定的，该项目就不符合额外性。

（2）反向评价法

在对上述回答均是否定的情况下，则需要从反向了解该项目在无 CDM 时为什么不能进入商业运行，或为什么不能进入基准线。一般来说，这时需考核项目是否存在如下 3 个方面障碍因素：

①技术额外性：在没有 CDM 项目提供技术的情况下，是否能获得外国先进技术或国内技术是否商业化？如果否，则该 CDM 项目具有技术额外性。

②投资额外性：在没有 CDM 项目提供额外资金的情况下，是否具有商业竞争能力？如果否，则该 CDM 项目具有投资额外性。

③其他额外性：在没有 CDM 项目提供专门援助的情况下，是否能克服其他特殊障碍因素？如果否，则该 CDM 项目具有其他的额外性。

只要对上述 3 个考核问题中任何 1 个的回答是否定的，就具体论证了为什么该项目符合额外性准则。在对上述 3 个考核问题回答均是肯定的情况下，则说明该项目在没有 CDM 的情况下没有技术性、财务性或其他方面的关键障碍，能够实施，因此不具备额外性。

额外性是 CDM 方法学中颇具争议的概念，尤其是减排环境效益额外性常被误解为有减排环境效益就是有额外性。从发展中国家具体条件出发考察，在没有 CDM 的情况下实施该项目的最主要障碍因素不外乎两条，一是缺乏先进技术，二是缺乏商业竞争能力。因此，引入技术和投资额外性两项考核指标就可以具体评价 CDM 项目的减排环境效益额外性，可以说，减排环境效益额外性准则是基本准则，前两个考核指标是从属性准则。

三、项目边界和泄漏

1. 项目边界的确定

为了能够定量计算和监测 CDM 项目活动带来的减排量，必须设定合理的项目边界。它应包括在项目参与方控制范围内的、数量可观并可合理地归因于该项目活动引起的所有温室气体源人为排放量。因此，对大多数与能源相关的 CDM 项目而言，其项目边界可以从其物理/工程边界算起，然后扩大到与其相连的电网、热网和气网等。同样，项目边界应当包括基准线的所有排放源。由于基准线的设定有许多方法，涉及不同的等级和范围，小至项目级的基准线，大至技术级或部门级或地区级的平均基准线，因此项目边界的设定与基准线方法密切相关。

如果项目边界设定得太小或不够清晰，就会影响到项目排放量的计算，低估项目收益；反之，如果项目边界定义的范围过大，除了影响排放量的计算外，还会影响项目开发者对方法学的使用。因此，在定义项目边界时，对不同的工业程序、不同的排放源、不同的技术、不同的方法学等影响因素要考虑周全。

2. 项目泄漏

CDM 项目活动在引起项目边界内直接减排量的同时，还会由于工艺/技术、上下游流程、市场经济、消费行为等方面的原因在项目边界之外引起间接排放量的变化，一般称之为碳泄漏或碳溢出。对泄漏最强烈的关注是由森林活动而起的，后来，这个基本概念被延伸到各种类型的碳减排活动中，因为其始终是不可避免地影响到与温室气体排放和吸收有关的产品供给和需求。

由于市场的多样性和行为的不确定性，这种间接效应往往是难以定量估算的。因此在 CDM 方法学中将泄漏定义为项目边界之外发生的、可测量并可归因于该CDM 项目活动引起的温室气体源人为排放量的净变化，并将其纳入 CDM 项目减排量计算公式中。同时在项目减排量的监测和核实过程中，按实际情况对其加以调整。

产生泄漏的可能性及大小在一定程度上是项目边界大小的函数，项目边界越大，考察的可能因素就越多，泄漏产生的概率就越小。因此，减少泄漏的方法之一是设定一个可接受的较大的项目边界。对大多数与能源相关的 CDM 项目而言，可以设定其边界是项目所在地的物理或工程边界，还可以通过恰当的项目设计来防止泄漏的产生，如果项目的泄漏比较明显，在计算项目的减排效益时，要将泄漏从项目的减排量中去除。

四、项目减排量的计算

项目减排量计算方法随项目类型而异。就一般的项目活动而言，项目减排量计算方法可以表述如下：

项目的减排量 = 基准线排放量 – 项目排放量 – 泄漏量

第二节　CDM 监测方法学

CDM 监测方法学是确定计算基准线排放、项目排放、泄漏所需监测的数据和信息的方法。监测计划是测量 CDM 项目是否带来实际可测量的额外减排效益的必要手段，也是指定经营实体（DOE）对 CDM 项目活动进行独立核查的必要前提。

《马拉喀什协议》规定，项目参与方首先应当在其项目设计文件 PDD 中提出监测计划，该计划需要详细说明在项目减排信用期内如何收集和存档与下列工作所需的所有相关数据。

（1）估算或测量在项目边界内产生的温室气体排放量；

（2）确定在项目边界内的温室气体排放量基准线；

（3）识别在项目边界外产生的泄漏量，即可合理地归因于该项目活动引起、数量可观的温室气体排放量的增加和/或减少量；

（4）有关项目活动的环境影响分析和评价的信息；

（5）监测过程的质量保障和控制程序；

（6）定期计算 CDM 项目活动的减排量以及泄漏的后果。

CDM 项目活动的监测计划应当采用由 CDM 执行理事会批准的监测方法学或按照《马拉喀什协定》关于 CDM 模式和程序规定的新方法学来编制。该新方法学由指定的经营实体根据 CDM 项目活动的具体情况酌情决定，并已经在别处成功应用。这种新方法学对该项目活动类型较为适宜，具有良好监测实践。对于符合相关规定的小型 CDM 项目活动，项目参与者可以采用简化的模式和程序编制监测计划。

监测计划除了应包括关于数据测量的建议外，必须说明如何保证这些数据在用户和核查者之间保持一致，以及说明如何保证数据监测、收集、汇编和报告的质量，还有在项目的整个运行期和减排量计入期内如何进行质量控制。通过监测核查和核证项目减排量，是 CDM 执行理事会签发 CERs 的一个必要条件。所有与项目相关的温室气体排放都需要精确且持续地测量并记录下来。

监测方法学的应用与开发和基准线、项目边界和泄漏等环节有着紧密联系。其中任何一个环节的定义和计算不够准确，都将影响到监测计划的设计，特别是难以保证能够收集到高质量的数据以及数据的可靠性和准确性。另外，项目范围也会影响项目监测，范围太大则很难选择合适的数据来进行有效而准确的监测。

CDM 方法学存在基准线确定方法过多过繁、不确定性大、额外性难定义、系统边界难以实际确定等问题，也因其复杂性，从开发研究到完善一个方法学需要相当长的时间来检验。这些是 CDM 项目开发商面临的最大障碍，其产生的高额交易成本使许多潜在 CDM 实施单位望而却步。因此，方法学的开发成为制约 CDM 项目开发的主要障碍，需要加强方法学方面的研究与开发。

第三节　中国自愿减排方法学概述

一、中国自愿减排方法学来源

基于对国内减排项目和国内外市场需求的考虑，我国的自愿减排碳交易参考国际 CDM 交易所涵盖的内容，以诚信、公开、公正、公平为原则，减排量的计算体现在具体项目中，具有可测量性、真实性和额外性。可测量性是指能够采用自愿减排方法学（经由国家主管部门备案）对项目减排量进行计算，并通过国家相关部门审核。自愿减排方法学可用于确定项目基准线情景、论证额外性、计算项目实施可产生的减排量、制定项目相关数据的监测规则等。中国的自愿减排市场的发展主要以联合国清洁发展机制作为参考，将 CDM 方法学进行评估并备案，最终形成自愿减排方法学。除此之外，自愿减排方法学中还包括一部分由国内项目开发者根据国内发展实情而开发的并经相关部门备案和批准的新方法学，该类型方法学和直接使用的 CDM 方法学具有同等效力，二者均可以为国内碳减排项目提供技术基础和计算依据。

截至 2018 年 7 月，国家发改委共公布 12 批（共 200 个）自愿减排方法学，其中包括 109 个常规项目方法学，86 个小型项目方法学，5 个农林项目方法学。方法学涉及节能和提高能效、新能源和可再生能源、燃料替代、CH_4 回收利用、造林和再造林等诸多领域。其中，节能和提高能效及新能源和可再生能源类方法学占比均较大。节能和提高能效类涉及行业较多，例如集中供热、煤改气、余热发电、蒸气 – 燃气联合循环发电等技改类行业，常用方法学有"CM – 005 – V01 废能回收"、"CM – 018 – V01 锅炉改造或提高能源效率"等，节能和提高能效类方法学数量最多，占方法学总数量的 26%；其次为新能源和可再生能源类方法学（占比为12%），涉及风能、太阳能、天然气等能源，常用方法学有"CM – 001 – V01 可再生能源联网发电"。

二、中国自愿减排方法学组成说明

自愿减排方法学主要由"来源、定义和适用条件"、"基准线方法学"和"监测方法学"三大部分组成，核心部分是"基准线方法学"。

"来源、定义和适用条件"部分主要是对该方法学的来龙去脉，涉及的相关定义和方法学的适用条件进行详细解释。其中方法学的"来源"主要介绍方法学的具体来源，是以哪些相关方法学为基础整合而来。方法学一般以 CDM 方法学为参考和借鉴对象，该部分包括参考 CDM 方法学的英文名称和编号等；此外还有少数自主编制的方法学，该部分方法学大多是以 CDM 方法学为基础，结合我国相关产业发展实情而自主编制的。"定义"主要是对方法学内容中涉及的相关名词概念或名称做出详细的解释说明，以便使用者理解。方法学适用的具体项目活动则主要在"适用条件"中进行介绍，项目活动可以是一个或者几个活动的组合，需要具备一定的前提条件才能够适用于方法学。

"基准线方法学"是自愿减排方法学的核心内容，主要包括项目边界、基准线情景和额外性论证、项目排放、减排量计算，不需要监测的数据和参数，需要监测的数据和参数等。项目边界是指物理和地理边界，该边界内涵盖项目实施单位可以掌控由于项目实施而排放的全部温室气体。基准线是相对于项目实施而假设的一种情景，主要是对"没有项目活动时可能会产出的温室气体排放量"进行模拟。额外性是判断项目是否合格的主要指标之一。项目必须具有额外性是指项目活动产生的排放一定低于基准线，或者是项目活动实现的减碳效益不可能发生在基准线情景下。因此，该部分主要介绍基准线情景的识别和额外性论证的方法，是合理判断项目减排量的基础。只有正确识别基准线情景，并进行额外性论证，才能计算项目在减排之前的排放量，即基准线排放量。项目排放主要介绍项目实施后可能造成的排放量，即项目排放量。项目排放量是减排量计算中的关键一步，其计算需要对项目活动的具体细节进行详细而准确的分析、判断才能进行。泄漏是指项目边界之外，与项目实施相关的人类活动造成的温室气体排放。泄漏量具有可测量性，其规模受项目边界范围的影响。边界范围越广，考虑得越全面，造成泄漏的概率就会随之降低。

"监测方法学"是自愿减排方法学的第三部分，该部分主要介绍减排项目在实施过程中需要遵循的监测规则和监测的数据、参数。项目监测是对项目的能源使用进行有效管理和计量的基础，只有严格按照监测计划对生产过程进行监测，并获得真实可靠的监测数据，才便于计算具体碳减排量。

随着自愿减排市场的不断发展，自愿减排方法学也需要不断更新和完善。我国越来越多的方法学将会被开发出来并逐步应用加入碳减排行动中的各个行业，从而满足碳交易中碳核算的需求。

第四章 农村户用沼气项目碳减排方法学研究

农业是重要的温室气体排放源之一，本章选择农村户用沼气利用项目来探讨该类项目碳减排方法学的开发问题。农村沼气项目具有优化农村生态环境，解决农村能源短缺，促进农业可持续发展的前景。同时沼气工程具有回收利用甲烷，减少温室气体排放的潜力，产生真实的减排效应，积极发展农村沼气推动农业碳减排意义重大。农村户用沼气利用项目具有分散、不易监测其减排量的特征。本章将从分析目前沼气利用项目的方法学现状出发，在详细讨论沼气工程工艺技术、经济与环境效益的基础上，提出该类项目的基准线方法，并对其监测方法进行建设性探讨，提出设计监测方法的途径。

第一节 沼气利用项目方法学概述

与沼气利用相关的项目类型有垃圾填埋气、废水处理、有机堆肥和甲烷回收共四类项目。在目前已批准的方法学中，与上述项目类型相关的方法学简介如下。

一、垃圾填埋气项目整合方法学

该方法学分别对应的 CDM 项目方法学编号为 ACM0001 和 CCER 项目方法学编号为 CM - 077，是在方法学 AM0002、AM0003、AM0010 和 AM0011 的基础上整合而成，适用于垃圾填埋气捕获项目活动。该类活动基准线情景是填埋气体部分或全部直接排放到空气中。具体适用于以下情形之一：

（1）捕获的气体直接排空燃烧；

（2）捕获的气体用来产生能量（例如，发电或供热），但这种替代其他资源产生的能量不考虑其减排效果；

（3）捕获的气体用来产生能量（例如，发电或供热），且这种替代其他资源产生的能量的减排量计入项目产生的减排内。

项目边界是收集和销毁/利用垃圾填埋气的项目活动场所。除了回收的甲烷外，其他燃料燃烧可能产生的 CO_2 排放应当被计入项目的排放。这些排放可包括泵抽和收集垃圾填埋气所燃烧的燃料排放及将所产生的热能传输到消费者地点所需的燃料燃烧排放。此外，该项目活动运行所需的电能，包括热能的传输，应该被计入和监测。在项目活动包括发电的情况下，考虑到替代其他发电厂的电力。

该基准线是在没有项目活动的情况下生物质和其他有机物质在项目边界内自然腐烂，甲烷排空。为遵守有关规章或政府合同要求，或出于对安全或消除异味的考虑，由垃圾填埋场所产生的一部分甲烷会被收集和消除。

项目活动减排量计算如下：

$$ER_y = (MD_{project,y} - MD_{reg,y}) \times GWP_{CH_4} + EG_y \times CEF_{electricity,y} + ET_y \times CEF_{thermal,y}$$

$$(4-1)$$

式中：

ER_y —— 第 y 年项目活动减排量，t CO_2e/a；

$MD_{project,y}$ —— 第 y 年实际消除掉或燃烧掉的甲烷气体数量，t/a；

$MD_{reg,y}$ —— 第 y 年无该项目情况下应消除或燃烧掉的甲烷数量；t/a；

GWP_{CH_4} —— 甲烷全球温升潜势值，t CO_2e/t CH_4；

EG_y —— 第 y 年因项目活动实施被替代的净电量，MWh；

$CEF_{electricity,y}$ —— 第 y 年电力生产 CO_2 排放强度，t CO_2e/MWh；

ET_y —— 第 y 年因项目活动实施被替代的热能量，GJ；

$CEF_{thermal,y}$ —— 第 y 年热力生产 CO_2 排放强度，t CO_2e/GJ。

该监测方法学是基于直接测量火炬平台上和在发电/热力锅炉装置中被收集和消除的垃圾填埋气数量来确定各项数量。监测计划对燃烧的填埋气数量和质量提供连续不间断的测量。其中需要确定的主要变量有实际被收集的甲烷量（$MD_{project,y}$）、实际火炬燃烧的甲烷量（$MD_{flared,y}$）、用于发电甲烷量（$MD_{electricity,y}$）/生产热能的甲烷量（$MD_{thermal,y}$）和生成的甲烷总量（$MD_{totally}$）。

二、垃圾填埋气回收小型项目方法学

该方法学分别对应的 CDM 项目方法学编号为 AMS-Ⅲ.G 和 CCER 项目方法学编号为 CM-022，包括对垃圾填埋场（即固体废弃物处置场所）所产生的甲烷气体进行收集和焚烧的措施。这些垃圾来自人为活动，包括城市居民生活垃圾、工业垃圾以及其他包含生物可降解有机物的固体废弃物。

该方法学适用条件如下：

（1）拟议项目活动的实施不会减少在项目实施前本应被回收的有机废弃物的数量；

（2）项目活动中的所有属于小型自愿减排项目组成部分的年减排量累计不超过 6 万 t CO_2。

项目的减排量计算公式如下：

$$ER_y = (MD_{project,y} - MD_{reg,y}) \times GWP_{CH_4} - PE_y - LE_y \qquad (4-2)$$

式中：

ER_y —— 第 y 年项目活动减排量，t CO_2e/a；

$MD_{project,y}$ —— 第 y 年实际消除掉或燃烧掉的甲烷气体数量，$t\ CH_4/a$；

$MD_{reg,y}$ —— 第 y 年无该项目情况下应消除或燃烧掉的甲烷数量，$t\ CH_4/a$；

GWP_{CH_4} —— 甲烷全球温升潜势值，$t\ CO_2e/t\ CH_4$；

PE_y —— 第 y 年项目活动排放量，$t\ CO_2e/a$；

LE_y —— 第 y 年项目泄漏量，$t\ CO_2e/a$。

$MD_{project,y}$ 将通过火炬燃烧情况测量，计算公式如下：

$$MD_{project,y} = LFG_{buent,y} \times w_{CH_4,y} \times DG_{CH_4,y} \times FE_y \qquad (4-3)$$

式中：

$MD_{project,y}$ —— 第 y 年实际消除掉或燃烧掉的甲烷气体数量，$t\ CH_4/a$；

$LFG_{buent,y}$ —— 第 y 年垃圾填埋气火炬燃烧或用于燃料燃烧的数量，m^3；

$w_{CH_4,y}$ —— 第 y 年垃圾填埋气的甲烷质量分数，%；

$D_{CH_4,y}$ —— 第 y 年垃圾填埋气在温度和气压影响下的密度，t/m^3；

FE_y —— 第 y 年火炬燃烧垃圾填埋气的燃烧效率。

项目边界是收集和销毁/使用垃圾填埋气项目活动的自然地理场所。该基准线情景是在没有项目活动的情况下生物质和其他有机物质在项目边界内自然腐烂，甲烷排空。基准线排放应排除为遵守有关规章或政府合同要求，或出于对安全或消除异味的考虑，收集和消除由垃圾填埋场所产生的一部分甲烷。项目活动每年产生的减排量将通过直接测量甲烷燃料燃烧或火炬燃烧的数量事前估算出。任何一年的最大减排量应限制在项目设计文件计算的当年甲烷生产量之内。

三、废水处理过程中温室气体减排方法学

该方法学分别对应的 CDM 项目方法学编号为 ACM0014 和 CCER 项目方法学编号为 CM-007，适用于削减工业废水处理过程中甲烷排放的项目活动，要求满足以下条件：

（1）现有的废水处理系统是厌氧条件良好的露天污水池系统，该系统特征如下所述：

●露天污水池系统的深度不少于 1 米；

●露天污水池系统的温度为 10℃以上，如果在特定的一个月份系统月平均温度低于 10℃，由于低于 10℃不可能发生厌氧反应，该月将不作估算；

●系统里有机物质的保存时间为 30 天以上。

（2）项目活动产生的污泥，在土地利用之前不得在项目场地内储存，以避免厌氧降解产生任何可能的甲烷排放。

项目活动为通过以下处理选项中的一项或组合选项避免露天污水池的甲烷排放：

①在现有的有机废水处理厂安装一个能够提取沼气的厌氧消化池，处理废水里大多数可降解的有机成分。这样一来，从露天污水池到密封箱式消化池加速化生产甲烷或者类似技术之间将有一个变化过程。因此，仅以收集的甲烷的排放量来确定基准线排放是不恰当的，因为项目活动较之基准线可能排放，将提取更多的甲烷。提取的沼气可用于火炬燃烧或者用于发电和/或发热。项目活动因此而减少甲烷排放量。而且通过利用沼气发电和/或产热取代直接用于火炬燃烧，可以替代电网电量或者化石燃料消耗，更进一步地减少温室气体排放。厌氧消化池的残渣处理和脱水后可用作肥料或直接倒入厌氧污水池。

②在厌氧条件下通过脱水或土地利用处理污泥。

项目活动的边界包括现有的废水处理厂，场内露天污泥池在主要的厌氧条件下降解污泥。

基准线情景为下列情景之一：

（1）现有的有氧废水或污泥处理系统，被带有甲烷回收和焚烧功能之一或全部的厌氧废水或污泥处理系统所替代；

（2）在现有的废水处理厂的污泥处理系统引入带有甲烷回收和焚烧的厌氧污泥处理系统；

（3）现有的污泥处理系统没有甲烷回收和焚烧功能；

（4）现有的厌氧废水处理系统没有甲烷回收和焚烧功能；

（5）未处理的废水排入海洋、河流、湖泊、不流动的或流动的污水流，在这样的情况下引用厌氧废水处理系统处理未曾处理过的废水流；

（6）现有的厌氧废水处理系统没有甲烷回收功能，在这样的情况下引入带有甲烷回收的后续厌氧废水处理系统。

减排量是由基准线排放减去项目排放，并充分考虑泄漏。基于事前资料的计算如下所示：

$$
\begin{array}{cccccc}
\text{基准线排放} & = & \text{露天污水池} & + & \text{电网发电} & + & \text{加热装置中被沼气替代的} \\
(\text{t } CO_2/a) & & \text{基准线排放} & & \text{基准线排放} & & \text{化石燃料部分基准线排放} \\
& & (\text{t } CO_2e/a) & & (\text{t } CO_2/a) & & (\text{t } CO_2/a)
\end{array}
$$

$$
\begin{array}{ccccccc}
\text{减排量} & = & \text{基准线排放} & - & \text{泄漏} & - & \text{项目排放} \\
(\text{t } CO_2/a) & & (\text{t } CO_2e/a) & & (\text{t } CO_2e/a) & & (\text{t } CO_2e/a)
\end{array}
$$

监测方法学包括项目实施后监测的确定基准线排放的参数，如有机废水进入消化池的流动率（F_{ig}）、有机废水进入消化池时的浓度（$COD_{c,baseline}$）和污水池排放污水的 COD 值（$COD_{a,out}$）等，以及确定项目排放的参数，如第 y 年项目活动场地内消耗的电量（$EL_{p,y}$）、脱水后用于土地利用的污泥流动率（F_{la}）和最大甲烷生产力（B）等。

四、废水处理中通过使用有氧系统替代厌氧系统避免甲烷产生小型项目方法学

该方法学分别对应的 CDM 项目方法学编号为 AMS – Ⅲ. I 和 CCER 项目方法学编号为 CMS – 077。

该方法学适用条件如下：

（1）该类项目为了避免厌氧污水池里的生物有机物质生产甲烷。由于项目活动的实施，厌氧污水池（没有甲烷回收）将被好氧系统所替代。项目活动不在废水处理厂回收或焚烧甲烷。

（2）年减排量测量结果应限制在 6 万 t CO_2e 之内。

项目边界是废水处理的自然和地理场所。

基准线情景为在没有项目活动的情况下，在厌氧污水池里处理废水里的可降解有机物质，甲烷排空。

监测方法：废水处理厂处理废水的 COD 值必须定期测量，并记录废水流量。年产生的污泥量（S_y）必须直接测量或者间接测量其体积和密度。如果不使用缺省值，其可降解有机含量（$DOC_{y,s}$）将通过代表性的抽样分析测量得出。

五、多选垃圾处理过程项目方法学

该方法学分别对应的 CDM 项目方法学编号为 ACM0022 和 CCER 项目方法学编号为 CM – 072。适用于拟在固体垃圾处理点处理新鲜垃圾的项目活动，项目涉及堆制肥料或联合堆肥、厌氧消化、热处理、机械处理、气化和焚烧的一种或多种组合的垃圾处理工艺。项目活动避免了在处理有机废物时产生的甲烷排放。

项目边界的空间范围是在基准线下处理垃圾的固定废物处置场，在基准线中处理有机废水的厌氧塘或污泥池，以及替代垃圾处理方案的场址。项目边界也包括现场电力和/或热的生产和使用，现场燃料使用和用于处理替代垃圾处理方案的废水副产品的废水处理厂。项目边界不包括垃圾收集和运输的设施。

对于项目向电网供电的情况，项目边界的空间范围也包括与项目电厂所在的电力系统连接的所有电厂。如果提纯的沼气要供应给天然气配送系统，那么天然气配送系统也包括在边界内。

六、通过堆肥避免甲烷排放小型项目方法学

该方法学分别对应的 CDM 项目方法学编号为 AMS – Ⅲ. F 和 CCER 项目方法学编号为 CMS – 075。

该方法学适用条件如下：

（1）该类项目为了避免固体废物处理场（没有回收甲烷）的生物质或者其他有机物质厌氧腐烂而产生甲烷。项目活动通过堆肥和适当的肥料土地利用的好氧处理阻止生物质和有机物质腐烂。项目活动不回收甲烷或者焚烧甲烷，而且不进行废物

的有控燃烧。年减排量应限制在 6 万 t CO_2e 之内。

（2）该类项目包括堆肥厂的新建和扩建，同时包括提高现有堆肥厂的生产能力利用率。由于项目活动提高了现有堆肥厂的生产能力利用率，项目参与者应证明其为提高生产能力利用率所做的特殊努力，并证明现有堆肥厂符合所有现行法律法规的要求以及现有堆肥厂不属于单独的 CDM 项目活动。需辨别和描述上文所述的特殊努力。

（3）该类项目同样包括在没有项目活动条件下利用厌氧废水处理（没有甲烷回收的）系统处理的废水和生物质固体废物进行共生堆肥的项目活动。项目情景中的废水作为堆肥过程的一种水分和/或养分来源。

项目边界是进行堆肥的自然和地理场所：

（1）在没有项目活动条件下固体废物处理产生甲烷排放的场所；

（2）共生堆肥用的废水，在没有项目活动条件下进行厌氧处理的场所；

（3）通过堆肥处理生物质的地方；

（4）生产肥料用于土地利用的场所；

（5）废物、废水和肥料运输的路线。

基准线情景是，在没有项目活动的情况下，生物质和其他有机物质在项目边界内腐烂，生产的甲烷排空。基准线排放为项目活动进行堆肥的生物质固体废物中的可降解有机碳物质的腐烂所产生的甲烷排放。当废水共生堆肥时，基准线排放包括项目活动废水共生堆肥的甲烷排放。基准线排放应排除为遵守有关规章或政府合同要求，或出于对安全或消除异味的考虑，收集和消除掉的一部分甲烷。

七、家庭或小农场农业活动甲烷回收小型项目方法学

该方法学分别对应的 CDM 项目方法学编号为 AMS – Ⅲ. R 和 CCER 项目方法学编号为 CMS – 026。适用条件如下。

（1）此类项目包括对粪便或其他农业废弃物厌氧消化产生的甲烷进行回收和消除，在没有项目活动时这部分甲烷将被排放到大气中。通过下述方式避免甲烷排放：①对现存甲烷排放源安装甲烷回收和燃烧装置；②改变有机废弃物或有机原材料的管理方式，以便实现厌氧消化条件并安装甲烷回收和燃烧装置。

（2）项目活动需要满足以下条件：①产生的污泥（沼渣）需进行好氧处理。如果将系统产生的污泥施入土壤，必须采取适当的措施避免甲烷排放；②需要一定的技术条件保证收集的沼气被利用（如安装沼气炉以供做饭）。

（3）年减排量应限制在 6 万 t CO_2e 之内。

项目边界是甲烷回收厂的自然和地理场所。

基准线情景是，在没有项目活动情况下生物质和其他有机物质在项目边界内厌氧腐烂，生产的甲烷排空。基准线排放需事前估算，并利用没有项目条件下厌氧腐烂的废物和原料的数量进行计算。

第二节 农村户用沼气工程项目

一、沼气利用技术现状

我国早在 20 世纪 50 年代就开始在农村推广沼气利用技术，农户只需在自家屋后挖一个 $8 \sim 10\ m^3$ 的池子，用石灰或黏土密封池底和四壁，留一个填料口和一个出渣口，然后每周大概填入 $1\ m^3$ 猪、牛等牲畜粪便和尿液，并注意不让肥皂水、洗衣粉水等碱性物质流入沼气池，就可以实现沼气原料的自然发酵，用这种方法产生的沼气，可供 $3 \sim 5$ 人的农户全天照明和做饭，既便宜又方便。自 20 世纪 70 年代，随着农村圈养牲畜的增多，沼气原料日益丰富，而且由于十分适用于农村大食堂和煮大锅猪食等，我国对沼气的利用在广大农村蓬勃兴起。沼气作为一种清洁的可再生能源，不仅可供照明、做饭、取暖，而且废渣经过发酵和脱硫后，由于病菌较少，还可以作为一种很好的有机肥，有利于防止土地板结。但沼气利用发展了近 20 年后，随着第一批沼气池因漏气、漏水、管道腐蚀等问题的相继出现而开始报废，其使用规模在我国农村地区大面积缩减。来自农户方面的反馈表明，沼气的萎缩主要缘于农民养殖结构的改变和沼气原料渠道的减少。比如一个 $8 \sim 10\ m^3$ 的沼气池一周需要 $1\ m^3$ 的粪便，但现在农户的家养牲畜已明显不能满足沼气池的需要。其原因有二：一方面，使用沼气的经济效益太低；另一方面，由于农村没有固定地点处理沼气池的废渣，而且每周一次的清理费力费时，因此沼气池的排污成了农户利用沼气的最大障碍。同时使用沼气也存在不稳定的问题，尤其是在北方每年 11 月份到次年的 2 月份，天气很冷，产生的沼气更少。种种不利因素导致我国农村沼气的利用率逐年减少。

进入 21 世纪，随着环保、可再生能源等理念逐渐为世人所重视，再加上日益紧张的国际能源状况，农村沼气的开发利用再次被提上日程，沼气作为一种传统的新能源，随着生产方式的改变、应用领域的拓宽和技术的日趋成熟，重新受到了关注。

首先，相关技术日趋成熟。随着混凝土、玻璃罐、陶罐等技术的应用，沼气池漏气的风险已大大降低，而且新技术的应用还解决了冬季气温偏低不利于产生沼气的问题。其次，沼气的应用领域日渐拓宽。沼气不再局限于农村的取暖、做饭、照明以及蔬菜大棚的灌溉，而且还可以向城市地区渗透，比如用于城市采暖、供电等领域。此外，规模化养殖场的增多，也为选址条件要求较高的沼气池提供了便利的原料渠道，有助于沼气大规模生产，并走向市场化运作。

我国政府高度重视沼气建设工作，大量利用国债资金支持农村户用沼气建设，带动了农村沼气利用的快速发展。截至 2015 年，我国用于农村沼气工程建设的投资拨款已经累计达到 384 亿元，农村沼气工程的规模也从原来的单一户用沼气生产转变为具有一定规模的沼气工程生态区域。这不仅优化了农村能源结构，而且有效缓解了农业方面污染和大气污染，改善了农村人居环境，成为重要民生工程和新农村建设亮点工程，对新时期我国生态文明建设做出了突出贡献。我国还建立了世界上独一无二的沼气生产体系。截至 2014 年，我国农村沼气用户达到 4 300 多万户，年总产气量 150 多亿 m^3，其中：户用沼气池 4 100 多万户，沼气集中供气用户 200 多万户；建有沼气工程 10 万多处，年产气量达 20 多亿 m^3，1 亿以上人口因此受益。同时，农村沼气已形成年节约 2 600 多万吨标准煤的能力；已形成年处理 3 亿多吨畜禽粪污的能力，有效地治理了畜禽养殖污染，并具有消纳 16 亿 t 畜禽粪污的能力。

二、沼气工程的工艺与技术

目前，我国农村通常的户用沼气工程包括"灶—圈—厕—池"连通的沼气工程，把改造厕所、厨房、猪圈与建设沼气池结合起来。养殖 3～5 头猪的农户，建 8～10 m^3 的沼气池一口，在沼气池上建厕所和猪舍，厨房内配备全不锈钢、脉冲点火式灶具和沼气灯，实现自动点火，达到安全、卫生、方便、节能的目的。小型高效沼气池的主要原料是人畜粪便、垃圾、废物等所含有的有机废弃物，这些生物质能源长期以来被白白浪费掉，并且污染生活环境。沼气工程就是将这类废物通过厌氧消化制取沼气，解决农村的基本能源问题。

沼气工程的主要产品是沼气、沼渣和沼液。一般沼气中含 CH_4 55%～70%。沼气热值取决于沼气中甲烷含量。纯甲烷的低热值为 38.94 MJ/m^3，如以 60% 的甲烷计算，则沼气热值为 23.36 MJ/m^3。沼气可作为燃料，用于农村日常生活，如炊事、采暖、照明。沼气中含有多种常量和微量元素，氨基酸的含量十分丰富，且多为可溶性营养物质，易于消化吸收，可用作饲料添加剂养猪、养鱼。沼液、沼渣还是优质的农家肥。沼渣含有丰富的有机物和较全面的养分。其中有机质 36%～49.9%，腐殖酸 10.1%～24.6%，粗蛋白 5%～9%，全氮 0.8%～1.5%，全磷 0.4%～0.6%，全钾 0.5%～1.2%，以及富含矿物质的灰分，已广泛用作食用菌的培养、果树栽培以及种植业上。

以一个 3～6 口之家为例，养猪 3～5 头，日产鲜粪 5～8.3 kg，粪水 30～50 L，粪水浓度 2%，COD 为 16 000～18 000 mg/L，相应的沼气工程设计容积 8～10 m^3，产气率 0.2～0.3 $m^3/(m^3 \cdot d)$。全年可产沼气 380～450 m^3。

通过沼气工程的处理，农村生活污水可以实现达标排放，COD、BOD、SS 等去除率都在 97.5% 左右（张艳丽，2004），能大大改善周围的大气和水体以及环境卫生状况，因此具有很好的经济效益和社会效益。

三、沼气工程的经济与环境效益分析

农村户用沼气工程项目主要为处理畜禽粪便，通过厌氧自然发酵产生沼气，燃烧沼气可以煮饭、照明、供暖等。以一个 3～6 口之家，养殖 3～5 头猪，建一口 10 m^3 的沼气池为例，"一池三改"工程的初始总投资为 3 000～3 500 元，各单项投资见表 4 – 1。

表 4 – 1　10 m³ 沼气池及"三改"工程项目初始投资

项　目	投资/元	占总投资比例/%
1. 主池	1 500	42.9 ～ 50.0
（1）建筑材料费（水泥、元石、砂、钢材料等）；	700	20.0 ～ 23.3
（2）设备费（输气管道、开关、气压表、炊具）；	300	8.6 ～ 10.0
（3）人工费	500	14.3 ～ 16.7
2. 厕所、猪圈、厨房改造费	1 500 ～ 2 000	50.0 ～ 57.1
合计	3 000 ～ 3 500	100.0

项目工程的收益来自以下三部分：

（1）沼气效益：年产沼气为 380 ～ 450 m³，以 400 m³ 计，按 0.8 元/m³ 计算，400 × 0.8 = 320（元）；

（2）沼液效益：10 元/t × 20 t = 200 元；

（3）沼渣效益：50 元/t × 5 t = 250 元。

合计：770 元/年，则这一户用沼气工程的静态投资回收期为 4.5 年。

沼气的发热值相当高，一般为 20 934 ～ 25 121 kJ/m³，燃烧最高温度可达 1 400℃，高于城市煤气的热值，是一种优质燃料。沼气是一种可再生无污染能源，只要有太阳和生物存在，就能周而复始地制取沼气。微量的一氧化碳和硫化氢虽有毒性，但经过氧化燃烧作用，可解除其毒性，所以制取沼气不会产生污染，相反地，传染疾病的病源——人畜粪便以及城镇有机废物，经过沼气池厌氧发酵、沉淀作用，能杀灭病菌和寄生虫卵，有效防止了疾病传染。农村饲养的生猪每年产生大量粪便，目前这些粪便绝大部分不能得到有效利用，不仅损失了大量宝贵资源，而且因为直接排放对农村环境产生了严重污染。通过建设沼气工程，可以变废为宝，生产大量优质燃气，代替燃烧秸秆和煤，改善广大农民的生活质量。

沼气不仅是一种优质高效清洁燃料，而且所产生的沼液、沼渣也有非常广泛的用途。沼气余渣的肥效是普通农家肥的 3 倍多，可有效促进作物增产，提高产品质量；沼液可以用来施肥、养殖鱼虾、浸种。通过种养业生物链模式，可以改善土壤长期使用化肥出现的板结状况，有机肥成分明显提高，农村水体污染现象得到有效控制，同时使农产品品质得以提升。可见，沼气不仅能解决农村能源问题，而且将农户的生产、生活、种植、养殖有机地结合起来，实现农业资源的再生增值和多级利用，改善农村环境，引导农民脱贫致富，创造良好的生态环境，带动农村经济可持续发展。

从以上分析可以看出，该项目具有很好的环境和社会效益，但其直接经济效益并不理想。

第三节 农村户用沼气工程项目方法学问题

一、项目减排分析

我国广大农村地区，尤其是中西部地区，农村生活用能仍然以林木、柴草和秸秆等生物质能源为主，约占70%。从上面的分析可以知道：发展农村沼气池工程，建设生态家园，可以解决农村能源短缺问题，改善农业生态环境和农村卫生面貌，实现生态农业系统中物质和能量的良性循环，促进农业增产、农民增收、农村经济发展（卢旭珍等，2003）。同时，农村沼气池工程主要通过厌氧处理畜禽粪便产生沼气，而沼气的主要成分是甲烷和 CO_2。我们知道甲烷和 CO_2 是两种重要的温室气体。通过在农村开展沼气工程建设，可以有效地减少由畜禽粪便等引起的甲烷排放，同时沼气燃烧产生的热能可以替代部分农村生活用能，从而减少了煤炭和薪柴等的使用，而燃烧煤炭和薪柴将导致 CO_2 排放，因而沼气工程可以减少 CO_2 排放，为全球减少温室气体排放做出贡献。由此可见，户用沼气池工程项目可以带来实质性的减排。这里我们将结合户用沼气池工程项目的特征，分析开发该类项目的方法学困难原因所在，提出开发户用沼气池工程项目方法的思路与方法，为成功开发该类项目方法学提供参考。

1. 基准线分析

开发沼气工程项目的方法学，首先要解决的问题是如何选择项目的排放基准线。基准线排放是基于不存在沼气工程的情景下与沼气工程对应的活动的温室气体排放量。在没有沼气工程的情形下，农村居民解决能源的途径有：

（1）使用燃煤、燃油等化石燃料供热与供暖、煮饭；

（2）使用秸秆等可再生生物质资源；

（3）使用薪柴等可再生生物质资源。

另外，在没有沼气工程的情形下，畜禽的粪便将自然发酵产生甲烷气体排放到空气中。因此沼气工程项目的基准线排放分为两部分，即：

（1）替代燃烧化石燃料和生物质原料所产生的 CO_2 排放；

（2）畜禽粪便的甲烷排放。

为了计算项目基准线排放，首先应确定项目边界，将与项目有直接关系并且可以量化的各种排放源包括在内，将没有直接关系的各种排放源排除在系统之外。

根据上述原则，应包含在项目基准线排放源中的因素包括两部分，即：

（1）不存在沼气工程时，农户未经过处理的污水、粪便等排放引起的温室气体排放；

（2）沼气工程产生的沼气所替代的其他能源（化石燃料、薪柴等）在使用时的温室气体排放。

我们定义 $ER_{baseline}$ 为项目基准线排放，ER_{fuel} 为替代燃料产生的温室气体排放，ER_{CH_4} 为畜禽粪便的甲烷排放，则其满足如下关系：

$$ER_{baseline} = ER_{fuel} + ER_{CH_4}$$

2. 项目自身排放

沼气池工程产生的沼气主要成分是甲烷（CH_4）和二氧化碳（CO_2），CH_4 在燃烧时将产生 CO_2，这部分排放构成项目自身的排放（$ER_{project}$）。

3. 泄漏

如果沼气池中的主要原料产生的沼气不够，需要往沼气池中加入其他原料（如秸秆），那么将导致项目发生泄漏（$ER_{leakage}$）。

4. 减排量计算方法

我们定义 $ER_{emission}$ 为工程项目产生的减排量，则有：

$$ER_{emission} = ER_{baseline} - ER_{project} - ER_{leakage} \qquad (4-4)$$

二、沼气工程的温室气体减排量分析

根据上节的分析，我们来估算沼气工程的减排量。

1. 基准线排放的估算

（1）CH_4 排放

没有沼气工程时，农村畜禽粪便排放的温室气体主要成分是甲烷。IPCC 推荐了计算不同地区以及不同气候各种畜禽的甲烷排放因子，其中在亚洲的温暖地区（平均气温高于 15℃ 且低于 25℃ 的区域），每头猪的甲烷排放因子为 4 kg/年。这样，在我国南方每户 4 头猪，因为粪便和污水等导致的甲烷排放量为 16 kg/年，相当于 336 kg CO_2e。

（2）CO_2 排放

10 m³ 沼气工程年产沼气量为 380～450 m³，以 400 m³ 计，作为居民燃料时，由于热值和燃烧效率提高，每 1 m³ 沼气可以替代 2 kg 燃煤，因此，这样的沼气池每年可替代约 0.8 t 燃煤。甲烷作为燃料使用，每年可避免因使用煤炭导致的 CO_2 排放因子为 1.896 t CO_2/t 煤（段茂盛等，2003），则 10 m³ 的沼气工程每年替代燃煤减少的 CO_2 排放量为 1.517 t CO_2/a。

（3）其他因素

除甲烷外，畜禽养殖还排放 CO_2，但由于这部分碳的最初来源为生物质，从碳平衡的角度来看，整个过程为零碳排放，不将其计入基准线。

因此，沼气工程的温室气体基准线排放量为 1.853 t CO_2e/a。

2. 项目自身排放量估算

沼气工程的温室气体排放主要是产生的沼气作为能源使用时产生的 CO_2 排放。一个 10 m³ 沼气池项目，每年燃烧 400 m³ 沼气。沼气中甲烷质量分数为 50%～70%，以平均 60% 计算，则每年 CH_4 产量为 240 m³，即 171.4 kg/a，甲烷燃烧产生

的 CO_2 量为 471 kg/a。因此，项目自身的排放为 471 kg CO_2e/a。

3. 项目泄漏的估算

一般情况下，我们可以假设项目将产生足够的沼气可供使用，或者即使在沼气产量不足的情况下，农户也不会使用其他原料来产生沼气，而是多使用其他燃料来替代沼气所提供的能源。因此我们估算项目的泄漏为零。

4. 减排总量的估算

根据式（4-4），我们很容易算出，每个户用沼气池每年温室气体减排总量为：
$$ER_{emission} = 1.853 - 0.471 - 0.0 = 1.382 \ (t \ CO_2e)。$$

如果以 10 万用户的规模来计算，则一年的减排量将达到 13.82 万 t，是一个规模可观的减排项目。按碳价格 100 元/t CO_2e 计算，则每年可获得 1 382 万美元的额外收益，平均每户可得约 138 元/年的补贴。这一额外收益对农户而言可以减轻很大一部分投资建设沼气池的成本压力，具有很好的经济吸引力，能有效地推动农村大规模开展户用沼气池的建设。该项目节约能源的同时又保护了当地的环境，还能给农户带来实实在在的收益，非常值得推广。

三、监测方法的分析与讨论

监测方法学与基准线方法学互为一体，按照 CDM 项目方法学要求，开发任何一个方法学都必须有与其相配套的监测方法学。从沼气工程基准线分析可以知道，沼气工程的基准线方法学并不复杂，其真实的减排效果是没有任何疑义的。但是如何测定这些真实的减排量呢？沼气工程分散存在于农户中，没有一个集中的场地，加上不同农户家庭因使用沼气的不确定性以及沼气产量与季节、温度、湿度和地点的不同而不同，而按照 CDM 执行理事会的规定，真实减排量的测定是非常严谨的，对相关仪器设备的要求非常苛刻，这对如何精确测量户用沼气工程的减排量提出了很大挑战。因此，户用沼气工程的监测方法学存在很多困难，需要加以研究讨论来解决这些困难。下面首先从讨论监测方法学的设计原则开始，来探讨户用沼气工程监测方法学的设计思路。

1. 监测所涉及对象

项目成功实施的障碍之一是方法学中指定的监测要求没有明确直接地告知项目开发者。碳减排项目的成功实施需要开发者将碳减排量当作一个新产品来开发。为把这一产品推向市场，开发者需要从战略的高度建立一个正确的监测计划。对于不同的业主，这一监测计划所涉及的人员结构和组织结构很难有一个固定模式。根据不同类型项目监测任务的不同，这里我们列出不同部门所充当的角色：

（1）技术/工程/维护部门。如果项目业主已有一套仪器检测和维护的标准程序，需要整合监测/设备维护/质量控制的需求到现有的系统，新的整合系统必须满足项目活动的监测计划要求。

（2）记账/销售/购买部门。需要对监测的部分数据进行交叉比对、复核、验证。例如，如果一个项目产生的电力输出到电网，从电表得到的数据要求与销售给电网公司的数据进行交叉校对。同时这种交叉校对的活动应记录备案以备 DOE 在核查期间调阅。

（3）财务部门。经核证的减排量既可视为现金流也可视为与现金流相关的等价物。财务部门监控减排量来评估金融风险或估算潜在收益是必要的。

除各部门需要承担相应的监测责任义务以外，还需要一个项目协调人。该协调人的主要职责为：

（1）监测设备灵敏度的检查，确保仪器设备减排监测功能的正常运行；

（2）开发、执行、分析和改进标准的项目监测/报告程序；

（3）联系和协调各部门并发布项目相关信息；

（4）计算和报告减排量；

（5）在 DOE 核证期间与 DOE 保持联络。

项目协调人应在已有的标准监测/报告程序或质量管理文件中加入工作范围、报告顺序和日常事务等的记录。这一点非常重要，即使在项目计入期内人员出现变动，还可以保证信息共享和减少信息丢失。

2. 监测的标准程序

将监测的需求变为标准的监测/报告程序来确定和构建数据获取、归档和报告的原则。根据完整的项目设计书（PDD）指南和 CDM 对新的方法学要求，PDD 的监测计划应包括如何收集和归档以下相关数据的详细信息：

（1）估算或测量项目边界范围内的排放；

（2）确定项目基准线排放；

（3）识别和测量项目边界外的排放。

典型的监测计划通过详细记录和列出如表 4-2 所示格式内容来满足上述要求：

表 4-2　监测记录数据格式表

	案例（取自 ACM0006）
数据/参数	$EG_{project\ plant,\ y}$
数据单位	MWh（年度）
描述	项目年度的发电量
数据来源	（1）现场测量；（2）电量销售收据
测量过程	现场电量测量仪
监测频率	连续
QA/QC 过程	计量仪按其制造指南定期校对； 测量结果将根据销售给电网的数据进行交叉核对

"数据/参数"是与减排计算方法相关的数据的标识符。"数据单位"是报告指定的计量单位，这一单位可能并不对应于仪器的实际单位。如果需要转换，转换方法应在数据收集/报告期间给出，以减少可能的误差。"数据来源"描述数据产生和记录的地点，数据获得的方式应在"测量过程"和"监测频率"中指定。"质量保证和质量控制（AQ/QC）过程"确保已采取努力并消除了报告中数据的主要误差。

3. 仪器设备的校对

监测方法学是基于直接测量项目基准线和项目边界内外的排放量，因此仪器的测量精度起至关重要的作用。为保障测量的精度，在监测方法学中需要对仪器提出校对方案。在沼气工程项目中，监测方法学的设计要求需要对项目过程中实际产生的沼气量、项目过程中替代使用化石燃料以及薪柴的数量等提供直接和连续的测量。

沼气工程项目减排量主要由项目过程中实际产生的沼气量、替代使用化石燃料以及薪柴数量来确定。为了精确测量，使用两个流量计来测量沼气产量，每个流量计都要按固定周期重新校准一次。

大部分时间，在正常工况下，两个流量计同时测量产生的沼气流量。当流量计读数之差大于标称精确度两倍以上（比如10%，如果标称精确度为±5%），则调查该差异产生的原因并纠正故障。为了保守性，总是取两表读数的较低值作为产生的沼气量。这样可以有效地消除仪器测量带来的误差，同时符合减排机制的保守性原则。

四、沼气工程项目监测方法学的设计

通过以上分析我们知道，监测方法学的设计需要满足对项目边界内外和项目基准线相关量的精确测量，以满足对项目减排的真实与可测量的要求。为精确测定项目的减排量，我们对户用沼气工程项目设计了需要监测的参数（表4-3）。

表4-3　沼气工程监测参数表

序号	参数名	说　　明
1	Pre_{biogas}	沼气池产生的气体压力
2	Vol_{biogas}	沼气池产生的气体体积
3	$Pure_{CH_4}$	沼气中甲烷的纯度
4	$Pure_{CO}$	沼气中一氧化碳的纯度
5	$Num_{persons}$	每一家庭人口数量
6	Num_{pigs}	每一户家庭饲养的生猪数量
7	$Weight_{coal}$	每一户家庭消耗的煤炭量
8	$Weight_{tree}$	每一户家庭消耗的薪柴量

根据序号1、2与3，我们可以精确计算出沼气池产生的甲烷量，由序号1、2

与4可以求出沼气中产生的一氧化碳量。记录序号7与8，与没有使用沼气池的用户进行对比或使用沼气池的用户与以前没有使用时进行对比，可以估算出减少使用燃煤的数量或减少消耗薪柴的数量，从而估算出减排量。如果需要进一步精确，我们还需要记录生猪的生长情况，如体重等。由序号5与6可以比较分析出没有安装监测仪器的用户的减排量。根据以上分析，我们可以设计两套监测方案：

第一套方案：对所有用户安装监测设备来精确测量，同时按照上节中对仪器校对的要求，每一户需要安装两套设备，记录和整理这些数据，需要耗费相当多的人力资源。设备成本与项目减排带来的收益是否值得这样做，是我们不能回避的首要问题。

第二套方案：按一定比例选择用户，例如以1%的用户群作为监测的标准，只对这些用户安装监测设备进行测量。这样可以大量地节省人力和投入监测的资金，但是项目的减排量不是通过直接测量得到的，而是通过估算得到的。按照前面的分析，CDM机制要求项目的减排是真实可测量的原则，这种方案能否得到EB的认可，取决于关于这一问题进一步的深入研究是否能找到CDM规则与现实的平衡点。

因此，归纳起来，户用沼气工程项目的方法学研究，其中的难点是监测方法学的设计。如何结合CDM规则与现实，找到一种切实可行的既经济又符合规则的监测方法，是户用沼气工程项目首先要解决的不可回避的问题。

五、农村沼气工程作为CDM项目的其他问题讨论

由于农村户用沼气工程的特殊性，虽然项目具有真实的减排这一点无可置疑，但由于单一沼气池的减排量非常小，如何将这类项目开发成CDM项目，还需要解决其所面临的特殊问题，这里我们首先从项目的合格性来讨论。

1. 农村沼气工程作为CDM项目的合格性

根据CDM的规定，一个合格的CDM项目至少要满足三个方面的要求：

（1）可以带来真实、长期和可测量的温室气体减排效益；

（2）可以促进该国的可持续发展；

（3）具有额外性。

显然，农村沼气工程具有较好的温室气体减排效益，同时可以极大改善农村生活与卫生条件，促进农业可持续发展，具有很好的环境和社会效益，是和当地以及我国的可持续发展目标一致的。因此，CDM项目的第一和第二要求可以满足。关于额外性要求，是指如果没有额外性的减排资金，项目业主作为一个追求经济效益的主体，必然会选择基准线方案，而不选择具有减排环境效益但成本较高的CDM项目。由前文可知，沼气工程对一般农户特别是我国西部农户来说投资较大，如果没有额外资金，农户不会主动建设沼气工程。因此，农户沼气工程满足额外性要求，可以作为合格的清洁发展机制项目。

2. 农村沼气工程项目开发的业主问题

农村沼气工程目前是一项政府扶持、各地农村能源办承担的工程，修建后各种设施产权归各个农户所有。由于每户沼气池 CO_2 减排量不大，根据前面减排量的分析，我们需要大约 10 万用户联合在一起，使其减排量达到中等规模，才具有开发成 CDM 项目的价值。但是，分散的用户必须作为一个整体，项目必须作为一个整体结合来实施 CDM 项目。这样就需要确认一个项目开发商来进行，由开发商作为项目业主来组织实施。开发商如何与农户处理项目实施的关系以满足 CDM 机制的规范与要求，也是值得进行研究的问题。

3. 前期开发的费用问题

由于 CDM 从项目建设到最后形成 CERs，需要经过项目 PDD 文件的开发、认证、注册、减排核证以及交易等不同过程，这些前期开发过程需要一定的经费支持。由于农户投资沼气池工程本身就是在政府扶植下才能启动的工程项目，资金来源已经有限，农民负担也已很重，无法再负担 CDM 开发的前期费用。如果由项目开发商来组织，争取由目前承担减排义务的发达国家购买方来承担，产生减排效益后再返还前期费用，这种模式将是一种互惠的模式，有助于大规模地推广农村沼气工程建设。

综上所述，发展农村沼气工程项目，既是解决农民生活用能、缓解国家能源压力的需要，也是防止乱砍滥伐、保护生态环境的需要；同时沼气工程项目具有减少温室气体排放的潜力，具备开发成合格 CDM 项目的条件。但开发沼气工程 CDM 项目面临方法学开发的障碍，且开发农村户用沼气工程 CDM 项目还存在项目减排量难以监测等其他障碍，有必要研究解决这些障碍的方法，使得沼气工程项目能通过出售项目的减排信用而带来额外经济效益，从而促进沼气工程项目广泛开展，为农村沼气工程的开发开辟新的投融资渠道。本章提出了农村户用沼气项目的基准线分析方法和监测方法的设计方案，为解决开发该类项目方法学的障碍提出具有建设性的思路和方法。

第五章 生物质废弃物热电联产项目 开发关键问题分析

生物质能利用项目属于我国政府鼓励优先开展碳减排项目的领域。我国得到联合国 CDM 执行理事会批准的生物质发电 CDM 项目还较少。一方面，由于开发生物质发电项目本身投资成本高，国内技术还不成熟，无法大规模发展，在我国开展生物质发电项目起步晚，因而目前实施的该类项目比较少；另一方面，开发该类 CDM 项目的方法学比较复杂，特别是生物质废弃物热电联产项目方法学（ACM0006）比以前的方法学更复杂，其规定更严格，因而结合我国的具体国情需要解决的关键问题更多。

本章将对我国开展生物质能利用项目的现状和目前生物质能利用 CDM 项目的方法学进展进行系统分析，接着对方法学 ACM0006 作全面的分析与阐述。最后以我国最早立项开展的江苏省如东县 25 MW 秸秆发电项目为例系统讨论了清洁发展机制（CDM）应用于大规模生物质秸秆发电项目中的关键问题，从项目的额外性、基准线确定到减排量计算和项目经济性等方面进行了详细的分析与讨论，在给出计算结果后并对结果进行了分析，从中归纳得到对于该类项目具有现实指导意义的一些结论，为在我国开展大规模生物质能利用 CDM 项目提供了理论和决策依据。

第一节 生物质能开发和利用情况

一、国外生物质能开发利用

由于生物质能资源丰富、种类繁多，使其成为全球各国未来发展道路上的能源首选。至今，已有多种生物质能源被广泛应用到世界各国的工业生产和生活当中，比如生物柴油、沼气、燃料乙醇、生物质发电等。近 10 年内，随着全球环境问题的严重、化石燃料的匮乏，使得生物质能源成了世界各国重点开发对象。很多国家分别制定了各自生物质能的研究计划及生物质能源开发战略，并出台了相关政策。如美国制定了"生物质计划"及"生物质技术路线图"，日本制定了"阳光计划"，巴西制定了酒精能源计划以及印度制定了"绿色能源工程计划"等。同时，欧盟委员会也制定了相关计划，提出到 2020 年燃料乙醇和生物柴油等生物燃料将替代 20% 的运输燃料。目前，各个国家生物质能的进展主要集中在以下几个方面：①各国政府开始加大力度支持生物质能发电技术；②各国政府开始加大对生物质能技术的开发和研究；③生物液体燃料的开发，使得石油产品具有了最佳替代品，其发展潜力巨大，主要包括生物柴油和燃料乙醇。

二、我国生物质能开发利用

我国是一个农业大国，地域辽阔，生物质种类繁多，生物质源储备量巨大，主要包括农产品加工剩余物、农作物秸秆、森林抚育剩余物、林木采伐、畜禽养殖剩余物、木材加工剩余物、有机废水等。每年可作为能源利用的生物质资源总量达4.6亿t标准煤，目前已利用的生物质量相当于2 200万t标准煤，还未开发和利用的生物质能源有4亿多吨。各类生物质能源利用的潜力情况如表5−1所示。

表5−1　我国生物质能利用潜力

来　源	可利用资源量		已利用资源量		剩余可利用资源量	
	实物量/万t	折标煤/万t	实物量/万t	折标煤/万t	实物量/万t	折标煤/万t
农作物秸秆	34 000	17 000	800	400	33 200	16 600
农产品加工剩余物	6 000	3 000	200	100	5 800	2 900
林业木质剩余物	35 000	20 000	300	170	34 700	19 830
畜禽粪便	84 000	2 800	30 000	1 000	54 000	1 800
城市生活垃圾	7 500	1 200	2 800	500	4 700	700
有机废水	435 000	1 600	2 700	10	432 300	1 590
有机废渣	95 000	400	4 800	20	90 200	380
合计		46 000		2200		43 800

数据来源：中国能源统计年鉴2016。

我国农作物秸秆种类主要包括水稻秆、玉米秆、小麦秆、棉花秆、油料作物秸秆等，主要分布在东北地区、华北地区、长江中下游地区等13个主要粮食生产基地。全国每年农作物秸秆的资源量约8.2亿t，可收集利用的生物质资源量约6.9亿t，其中每年约3.5亿t用于饲料、肥料、造纸等行业的生产原料，可供能源化利用的秸秆资源量每年约3.4亿t。此外，农产品加工剩余物每年约1.2亿t，如甘蔗渣、稻谷壳等，其中可供能源化利用的资源量约6 000万t。

全国现有林地面积约3.04亿hm²，其每年可产生供能源化利用的生物质资源量约3.5亿t，主要包括林业剩余物、薪炭林、木材加工剩余物等；此外，我国还种植了大量的能源植物，其中适合人工种植的能源作物主要有30多种，包括光皮树、小桐子、文冠果、乌桕、黄连木、油棕、甜高粱等，每年可以制造5 000万t生物液体燃料。

目前，我国城镇每年的有机垃圾产量达1.5万t左右，其中一半用于垃圾焚烧发电和垃圾填埋发电的原材料，相当于1 200万t标准煤，发展潜力巨大。其中厨余垃圾应单独回收，每年可回收量约 300 万 t，可用作生物柴油的生产原料。制药、制糖、酒厂等 20 多个行业每年产生的有机废渣约 9.5 万 t，排放的有机废水约 43.5 万 t，其总量可转化为约 300 亿 m³ 沼气。全国污水处理厂的污泥年产生量达 3 000 万 t 左右，其中约 50% 可用于能源利用。禽畜养殖场的粪便资源量每年约 8.4 万亿 t，可产生约 400 亿 m³ 沼气。

20 世纪 70 年代，我国就开始重视对生物质能的开发利用，并且把生物质能技术研究和应用的科技项目多次列入"五年计划"中，推动和发展了一系列以生物质能源为基础的示范工程和研究项目，为我国现在的生物质能源开发和利用奠定了良好基础。尽管相比欧美发达国家而言，我国的生物质能利用总体仍比较落后，但在生物质能利用的部分领域，比如生物沼气利用方面，我国取得了举世瞩目的成就。21 世纪初，在生物质发电领域，我国先后在河北晋州、山东枣庄、山东单县、江苏如东、四川成都、江苏兴化等地建设近 10 座直燃生物质燃料发电厂。2005 年 9 月，国内最大的生物质能气化发电项目——江苏兴化市中科生物质能发电项目在兴化市戴窑镇投入试运行，该项目属国家"863 计划"环保示范项目，主要利用麦草、稻壳来发电，其采用的新技术和新设备处于世界先进水平，装机容量达到 5 MW。项目正常运行后，每年可发电近 4 000 kWh。2007 年 9 月，国家发改委公布了《可再生能源中长期发展规划》，指出生物质能源利用是我国未来社会经济发展的中流砥柱，因此生物质固体成型燃料、生物质发电、生物液体燃料、沼气成为当下的发展重点。截至 2015 年，生物质能利用量约 3 500 万 t 标准煤，其中商品化的生物质能利用量约 1 800 万 t 标准煤。生物质发电和液体燃料产业已形成一定规模，生物质成型燃料、生物天然气等产业已起步，呈现良好发展势头（表 5 - 2）。

表 5 - 2　全国生物质能利用现状

利用方式	利用规模		年产量		折标煤/ （万 t/a）
	数量	单位	数量	单位	
1. 生物质发电	1 030	万 kW	520	亿 kWh	1 520
2. 户用沼气	4 380	万户	190	亿 m³	1 320
3. 大型沼气工程	10	万处			
4. 生物质成型燃料	800	万 t			400
5. 生物燃料乙醇			210	万 t	180
6. 生物柴油			80	万 t	120
总　计					3 540

数据来源：《生物质能发展"十三五"规划》。

到 2020 年，生物质能基本实现商业化和规模化利用。生物质能年利用量约 5 800 万 t 标准煤。生物质发电总装机容量达到 1 500 万 kW，年发电量 900 亿 kWh，其中农林生物质直燃发电 700 万 kW，城镇生活垃圾焚烧发电 750 万 kW，沼气发电 50 万 kW；生物天然气年利用量 80 亿 m³；生物液体燃料年利用量 600 万 t；生物质成型燃料年利用量 3 000 万 t（表 5-3）。

表 5-3 我国"十三五"生物质能发展目标

利用方式	利用规模		年产量		替代化石能源/（万 t/a）
	数量	单位	数量	单位	
1. 生物质发电	1 500	万 kW	900	亿 kWh	2 660
2. 生物天然气			80	亿 m³	960
3. 生物质成型燃料	3 000	万 t			1 500
4. 生物液体燃料	600	万 t			680
5. 生物燃料乙醇	400	万 t			380
6. 生物柴油	200	万 t			300
总　计					6 480

数据来源：《生物质能发展"十三五"规划》。

三、生物质发电技术应用现状及趋势

1. 生物质发电技术

生物质发电技术主要有直接燃烧发电、混合燃烧发电、热解气化发电和沼气发电四个种类。

直接燃烧发电是指把生物质原料送入适合生物质燃烧的特定蒸汽锅炉中，生产蒸汽、驱动蒸汽轮机、带动发电机发电。直接燃烧发电的关键技术包括原料预处理技术、蒸汽锅炉的多种原料适用性、蒸汽锅炉高效燃烧、蒸汽轮机效率。

混合燃烧发电是指将生物质原料应用于燃煤电厂中，使用生物质和煤两种原料进行发电，主要有两种方式：一种是将生物质原料直接送入燃煤锅炉，与煤共同燃烧，生产蒸汽，带动蒸汽轮机发电；另一种是先将生物质原料在气化炉中气化生成可燃气体，再通入燃煤锅炉，可燃气体与煤共同燃烧生产蒸汽，带动蒸汽轮机发电。无论哪种方式，生物质原料预处理技术都是非常关键的，要将生物质原料处理成符合燃煤锅炉或气化炉的要求。混合燃烧的关键技术还包括煤与生物质混燃技术、煤与生物质可燃气体混燃技术。

热解气化发电是指在气化炉中将生物质原料气化，生成可燃气体，经过净化，供给内燃机或小型燃气轮机，带动发电机发电。热解气化发电的关键技术包括原料预处理技术、高效热解汽化技术和选择合适的内燃机和燃气轮机。其中，气化炉要

求适合不同种类的生物质原料；而内燃机一般是用柴油机或是天然气机改造，以符合生物质燃气的要求；燃气轮机要求容量小，适合于低热值的生物质燃气。

沼气发电是指将沼气作为动力机的燃料，带动发电机运转，得到高品质的电能。沼气发电技术在沼气工程中的引入，不但提升了沼气工程整体技术水平，而且可以通过出售电能带来较高资金回报。根据国内几个具有一定规模的沼气发电站的运行情况来看，无论沼电外售或内部消化，均能获得较好经济效益。沼气发电的应用必将促进沼气工程进一步推广。

2. 生物质发电技术应用现状

生物质直接燃烧的关键技术和设备是生物质锅炉和小型蒸汽轮机发电机组。中国的小型蒸汽轮机总体上看技术比较成熟、造价较低，但同时效率也较低。中国已生产出各种型号的木柴（木屑）锅炉、甘蔗渣锅炉、稻壳锅炉等设备用于生物质直接燃烧发电，但由于国内生物质燃料比较分散，国内市场作为商品供应的很少，而且多为中小容量锅炉产品，大型设备主要是出口到国外生物质供应量大且集中的国际市场。如碾米厂为解决稻壳污染环境和企业自身用电问题，利用稻壳燃烧发电，但规模都较小，缺少集中处理的大型生物质燃烧发电厂。

我国的秸秆资源丰富，利用秸秆发电已逐渐成为许多地方的共识。目前国内的秸秆发电主要是小规模的气化炉发电技术，而用于燃烧发电的秸秆锅炉几乎未有专门的产品。因此，拟采用较大规模秸秆燃烧发电的地方纷纷引进国外技术进行秸秆燃烧发电。河北省石家庄晋州市和山东省菏泽市单县将分别计划建设 2×1.2 万 kW 秸秆燃烧发电厂和 2.5 万 kW 秸秆热电厂，其中河北晋州的项目将引进丹麦 BWE 公司的秸秆发电技术。而 BWE 与北京龙基电力公司、山东鲁能集团合作拟在山东日照合资建立的 4×60 万 kW 特大型火力发电厂，是在丹麦阿文多发电厂的技术基础上建设的超临界锅炉技术发电项目，该电站计划使用部分生物质原料。

尽管如此，我国有良好的生物质气化发电基础，早在 20 世纪 60 年代初就开展了该方面的工作。此后在早期谷壳气化发电技术的基础上，对生物质气化发电技术做了进一步的研究，主要对发电容量大小和不同生物质原料进行了探索，先后完成了 2.5～200 kW 各种机组的研制。近几年，中国特别重视中小型生物质气化发电技术研究和应用，开发的中小规模生物质气化发电技术具有投资少、灵活性好等特点。已研制的中小型生物质气化发电设备功率从几 kW 到 4 000 kW 不等，气化炉的结构有层式下吸式气化炉、开心式气化炉、下吸式气化炉和循环流化床气化炉等，采用单燃料气体内燃机和双燃料内燃机，单机最大功率 200 kW，具有较强的市场竞争力。

大型生物质 IGCC 技术由于焦油处理技术与燃气轮机改造技术难度很高，仍存在很多问题，如系统未成熟、造价也很高、实用性仍很差等，限制了其应用推广。在中国目前条件下研究开发与国外相同技术路线的生物质 IGCC，由于资金和技术问题，将更加困难。如何利用已较成熟的技术，研制开发在经济上可行，而效率又有较大提高的系统，是目前发展生物质气化发电的一个主要课题，也是发展中国家今后能否有效利用生物质的关键。

大型生物质 IGCC 的发电成本与燃料价格、发电规模关系很大，通过理论分析测算，对于生物质 IGCC 发电系统，在生物质价格大约为 250 元/t 时，70 MW IGCC 发电站的发电成本大约为 0.35 元/kWh，几乎与小型的煤发电电站成本相当。由于 70 MW 的规模需要的生物质量非常大（约 2 000t/天），而且投资也很高，有条件建设这种项目的国家或企业都很少，而小规模下的经济性将明显降低，所以这种项目近期要进入应用是相当困难的。

3. 我国生物质发电技术的发展趋势

生物质发电技术未来发展趋势受生物质资源自身特点和我国国情的限制，可能以小型化与接近终端用户、综合利用与热电联供、分布式电力系统三种方式为主。

（1）小型化与接近终端用户

受原料来源限制，小型化和接近终端用户是最容易实现的技术种类。像一些碾米厂，本身的稻壳量受其生产规模约束，产量不是很大，所以，建立与稻壳产量相应规模的发电站从原料成本上是最经济的；而且，生产的电力作为碾米厂的补充电力，直接供给碾米厂生产和生活使用，省去了并网部分，减少投资，也简化了系统运行，减少运行成本，提高系统经济性。这种利用现有生物质资源量，将电站建设在接近终端用户的方式是最直接有效而且易于应用的。

以木薯和甘蔗为原料的糖厂、中小型屠宰厂和畜禽养殖场、中小型木材制品厂都是小型化与接近终端用户的潜在用户。

（2）综合利用与热电联供

提高系统效率，是最大限度利用生物质能源的根本措施。在较大规模的生物质发电系统中，提高系统效率易于实现的方法是使用综合利用技术和热电联供技术，这样可以根据不同原料特点、不同用户需要、不同工艺路线采取多种技术结合、生产电力和生产热相结合的技术方式，使系统得到最优化、效率最高、最大限度利用生物质资源。这类技术的潜在市场是大型屠宰厂和畜禽养殖场、大型木材制品厂、农林废弃物相对集中的区域。

（3）分布式电力系统

从电网的安全考虑，分布式电力系统被公认为是提高供电安全的最佳手段，未来的电力系统应该是由集中式与分布式系统有机结合的系统。其主要框架结构应该是由集中式发电和远距离输电骨干网、地区输配电网、以微型电网为核心的分布式系统相结合的统一体。生物质发电系统是方便的、易实现的、可再生能源分布式发电系统，它可向终端用户提供清洁、高效、可靠的电力。无论是哪一类生物质发电方式，也无论是大、中、小哪一种规模，生物质发电都可以实现分布式电力系统。

4. 我国发展生物质发电的影响因素

生物质发电技术在中国的应用，最重要的制约因素来自三个方面，即技术因素、经济因素和政策因素，这些制约因为中国国情的特点与其他国家有很大的差别。

（1）技术上的制约因素

中国的生物质发电技术的研究较少，这主要和中国科研投入情况和能源设备企业的自主开发能力较差有关。近十几年来，我国在生物质发电技术投入的研究方向主要是针对中小型生物质气化发电技术，而直接燃烧技术主要由锅炉企业或其他热解设备企业自主开发。目前中国除了少数生物质气化发电系统进入示范应用以外，其他生物质发电技术（如直接燃烧和混烧技术）实际应用的经验积累很少，所以总的特点是成熟的生物质发电技术种类少，而整体研发能力较差。

（2）经济上的制约因素

中国发展生物质发电产业化的另一个主要障碍是经济环境的制约。中国生物质发电项目具有规模小、发电成本相对较高的特点，除了需要政府经济扶持政策给予补贴之外，另外一个主要制约的经济因素是投资资金来源少，资金筹措困难。生物质发电项目相对其他发电项目来说都是小项目，资金集密程度较低，大集团和规模投资商考虑到资金分散和管理困难，投资都会非常谨慎。另外，中小型生物质发电项目的投资大都在几百、几千万元左右，这样的资金规模对目前大部分中小企业来说仍然有相当大的压力，特别对那些农业地区的企业来说，完成这样规模的投资都是相当困难的。同时，由于生物质发电项目在整个社会的认识程度较低，投资风险较大（特别是没有政策支持时），银行对这些项目给予贷款暂时较困难。在这种环境下，目前生物质发电项目的投资特点决定了生物质发电项目的资金来源较少，如果没有相应措施，生物质发电技术在短时间内大规模推广在资金上存在很大困难。

（3）政策上的制约因素

中国政府目前对可再生能源有一定的政策支持，但总的来说，这些扶持政策有很多不明确的地方，对地方政府和管理部门来说操作相当困难，因而大部分地区没办法实施，生物质发电技术也不例外。而更重要的问题是，中国的鼓励政策是在原计划经济制度的基础上制定的，主要是指导性而不是强制性的，体现出来更多的是政策上的支持，很少有效的经济配套措施，这就使可再生能源发电项目操作实施相当困难。例如对可再生能源电力的一些电价优惠，都是以牺牲地方电网的直接利益为代价，以前电网全部为国家所有，这方面的影响不明显，但现在很多电网已经独立核算，这些优惠直接损害了地方经济利益。而地方电网申请国家相应补贴又非常困难，直接影响了地方发展可再生能源电力的积极性。另外，由于生物质发电容量小，涉及的项目较多、范围大，生物质发电技术要得以大规模使用，不解决这些政策上的制约因素是不可能的。在中国发展生物质发电技术必须特别注意项目规模与当地经济发展水平相符合，由于在达到同样技术水平或投资经济效益指标情况下，项目越小，操作实施的可行性越高，投资风险越小，反之则风险越大，所以原则上相同条件下应尽可能选用小规模项目。特别对农业分散、农作物品种较多、每年变化情况较大和当地经济发展水平较低的地区不能建设规模太大的生物质电站。大型生物质电站只适合于农业现代化程度较高、交通方便、农业种植范围大且集中、经济较发达和管理水平较高的地区，这些地区可能生物质保存和供应成本较高，但仍能满足大规模发电的基本要求。但如果没有这些条件，即使花费大量的物力和人力，大型发电项目原料供应都会成为问题。

尽管我国生物质能资源丰富，具有发展生物质发电项目的良好条件，但由于受技术、资金和政策的限制，目前难以得到大规模推广，特别是大规模生物质发电项目更难普遍推广。CDM 机制的引入正好可以克服资金和技术障碍，为推动我国利用生物质能发电项目的发展开辟了一条新的途径。

第二节　生物质废弃物能源利用方法学进展

一、早期生物质废弃物能源利用方法学概述

在 ACM0006 整合方法学被批准之前，与生物质能利用相关的方法学获得 EB 批准的已达 5 个。这些方法学是针对不同的项目情景提出的既有共有特性，又有其不同的适用范围和不同的基准线情景。下面分别对这些方法学做简单的介绍与评论。

1. AM0004

已批准基准线方法学"避免生物质无控燃烧的生物质能联网发电"。这是最早批准的有关生物质利用开发的 CDM 方法学。该方法学是在泰国 A. T. Biopower 稻糠发电项目的基础上形成的，适合于燃烧生物质发电替代电网电量的项目活动。

项目活动须满足以下条件：

（1）无 CDM 存在时，生物质以堆积或无控燃烧方式处理；

（2）具备常规的原料供应渠道，生物质来源丰富；

（3）对新电厂建设计划影响不大；

（4）因某些抑制需求还没联网；

（5）对电网碳排放因子影响不大；

（6）电网平均碳排放因子小于候选电网电量边际碳排放因子。

该方法学下的基准线情景为生物质露天燃烧。

2. AM0015

该方法学为"甘蔗渣热电联产并网发电"，是在巴西 Vale do Rosário 甘蔗渣热电联产项目的基础上形成的，适合于甘蔗渣热电联产发电替代电网电量的项目活动。

项目活动须满足以下条件：

（1）用作热电联产原料的甘蔗渣由项目工厂提供；

（2）在没有 CDM 的条件下，尽管有国家政策/计划的鼓励，现有文件不支持由公共部门、项目参与者或其他潜在的开发商开展项目活动；

（3）项目的实施不导致项目工厂甘蔗渣的增产；

（4）项目工厂甘蔗渣的储存不能超过一年。

该方法学下的基准线情景为继续当前情况，即甘蔗渣不用来生产热能和/或发电。减排量则由热能和/或替代化石燃料发电产生。

该方法学与 AM0004 一起，为生物质 CDM 项目早期批准的方法学之一。

3. NM0050

该方法学为"生物质能联网发电基准线方法学"，是在泰国一小发电厂扩建项目的基础上形成的，适合于利用农业 – 工业废弃物或购买的生物质原料发电的独立联网和带生产工厂的生物质热电联产发电厂。

项目活动须满足以下条件：

（1）项目的实施不能导致生产工厂生物质产量的增加；

（2）所利用的生物质储存不能超过一年；

（3）能够识别相关电网的地理和系统边界，并提供电网的特征资料；

（4）生物质发电来源不能导致化石燃料燃烧量（泄漏）的增加。

该方法学可供选择的基准线情景有：

（1）继续当前（没有项目活动的）情况；

（2）项目不作为 CDM 项目活动；

（3）利用不同配置扩大生产能力，项目活动带农业加工厂，如糖厂；

（4）项目活动由公共实体或类似机构开展，并投资可供选择的发电技术（如煤或水电）。

项目业主需讨论和评价这些情景选项，并找出最真实可信的基准线情景。减排量由生物质替代化石燃料发电产生。

4. NM0081

该方法学为"避免生物质无控处理常规性露天燃烧的生物质热电联产并网发电项目减排"。该方法学通过直接合并方法学 AM0004 和 AM0015，在智利生物质热电联产项目的基础上形成，适合于为避免生物质腐烂或露天燃烧利用生物质作燃料取代电网电力和在没有项目活动条件下由化石原料产生的热能发电的热电联产项目。该方法学的实用性标准为：①利用自产或第三方生产的生物质，这些生物质在没有项目活动的条件下以无控方式堆积或燃烧；②具备原料供应渠道，目前没被利用的生物质来源丰富；③项目的实施不导致项目工厂增产生物质；④项目工厂生物质储存不能超过一年。

该方法学下的基准线情景为继续当前情况，即生物质不用来生产热能和/或替代化石燃料发电。减排量则由生物质生产热能和/或替代化石燃料发电产生。

该方法学是在 AM0004 和 AM0015 的基础上合成的，其实用性条件和基准线情景与 AM0004 和 AM0015 大致相同，不同的是其生物质利用范围较之放宽许多。这正好说明了随着 CDM 项目的不断开展，与之相关的方法学也不断完善。

5. NM0098

该方法学为"生物质燃料替代化石燃料生产基准线方法学"。该方法学是在巴西 Nobrecel 生物质燃料替代化石燃料项目的基础上形成的，适合于利用（增加利用）生物质替代化石燃料生产热能和/或发电以减少温室气体（GHG）排放的项目活动。需满足以下条件：①部分的或全部的燃料替代；②所利用的生物质可以由内部运行（或废弃物）或第三方提供；③可以利用多种生物质来源，即继续造林和造林活动产生的生物质、工业废弃原料、农业废弃物、城市有机垃圾和工业自身的有机废弃原料（造纸黑液、酒粕、甘蔗渣、炭产生的高炉煤气）；④项目生物质的利用可以避免在基准线情况下产生甲烷排放。

可以看出，该方法学主要来自 AM0004、AM0015 和 NM0081 这三个方法学。其中，该方法学与方法学 NM0081 尤为相似，其最主要的区别为 NM0098 大大拓宽其适用性条件。

通过以上分析介绍，我们知道这些方法学具有很多共性，在这些方法学的基础上，开发了整合方法学 ACM0006。有了 ACM0006，上述所有与生物质利用相关的方法学都统一到该方法学中，因而 ACM0006 可以替代所有上述方法学。

二、生物质废弃物热电联产项目方法学

生物质废弃物热电联产项目方法学即 ACM0006 是在方法学 AM0004、AM0015、NM0050、NM0081 和 NM0098 的基础上整合而成的，适用于生物质废弃物发电和/或供热项目。

方法学 NM0098 是整合方法学 ACM0006 的根据之一。然而，NM0098 的基本项目实际上并没有在 ACM0006 和项目设计文件中被明确指出。ACM0006 的 01 版本中的基准线情景并没有任何一个情景适用于 NM0098 的基本项目。因此，NM0098 的项目参与者要求在 ACM0006 中插入一个额外的可以反映他们项目情况的情景如下：该基本项目新建一个燃烧木屑的热电机组。新电厂将紧挨一个现有的燃烧黑液发电的电厂运行。但是，黑液锅炉生产的蒸汽在某些情况下也可以用于新电厂的发电机。在没有 CDM 项目活动的情况下，电力主要由电网生产，而热能则由现有的黑液电厂、生物质供热锅炉以及化石燃料供热锅炉联合生产。方法学专门小组（MP）建议在 ACM0006 的修正版中加入一个额外的涵盖 NM0098 基本项目情况的"情景 16"及其方法途径。

应上述要求，ACM0006 的 02 版中的发电真实和可靠的选项中增加选项 P6，即连续发电是在一个现有的采用与项目活动同类型物质作燃料共烧发电的电厂进行，且现有电厂的生命周期结束后由一个类似的新电厂替代。相应地，在基准线情景中增加适用于扩容项目的情景 16，即项目活动包括紧挨一个现有的生物质发电机组安装和运行一个新的热电机组。现有机组只燃烧生物质并在新机组安装之后以相同方式继续运行。项目电厂发电在没有项目活动的情况下主要由并网的电厂生产（即新机组生产的电力并入电网或者在没有项目活动的情况下购买电网电力），且可能有一小部分由现有的电厂生产。由于增加了情景 16，适用于情景 10、12 的计算公式相应地发生变化，并在所有情景通用指南中增加了关于项目热电厂发电效率的计算和测量方面的相关描述。

由于 02 版中的一些名词（如效率、生物质废弃物、热）的定义比较分散，03 版将这些名词汇集于版首（即适用条件的前面）组成定义部分，使得版面更直观和整洁，有利于阅读。03 版较之 02 版变动较少，中间有一些删减。

根据 CDM 执行理事会方法学委员会第 27 次会议的指导，生物质在基准线下的情景是厌氧腐化，且项目倡议者希望能够根据该版本声明避免的排放量，会议同意修改 ACM0006 的生物质能供热和供电情况。因而导致 ACM0006 的 04 版的变动如下：

定义部分增加了"生物质"的定义描述，并在"生物质废弃物"的定义中增加关于计算固体生物质废弃物的数量时需考虑其干燥状态的质量的说明。

根据 27 次会议的要求，将生物质废弃物在一种无控的不利用的方式堆积或腐化改为在厌氧条件下堆积或腐化，并将 03 版中出现"生物质"一词的地方全部改成"生物质废弃物"。关于生物质废弃物的使用情景，增加 B2、B3 项，B4、B5、B6、B7、B8 与 03 版的 B2、B3、B4、B5、B6 相同。由于生物质使用情景的改变，导致了各个基准线情景描述的相应变化，其内容相对于 03 版来说更为具体。增加使用于扩容项目的情景 17，即：项目活动包括在项目活动实施前一个现有的已运行化石燃料发电厂（没有热电联产厂）的场地上安装一个新的生物质热电联产发电厂。在减排量部分中，删掉了 03 版中关于确定排放系数、排放因子或净热值的描述，但增加了关于电厂的生命周期、现有设施的寿命和平均技术寿命，以及如何确定减排的开始时间。

由于增加情景 17，项目排放的 b 部分（场内化石燃料消耗的二氧化碳排放）中的关于各种燃料的 CO_2 排放计算公式 6 发生变化，并增加 c 部分（场内电耗的二氧化碳排放）及其计算公式 6a。在 c 部分（生物质废弃物燃烧的甲烷排放）中，甲烷排放因子由原来的 15 kg/TJ 改为 30 kg/TJ，不确定性由 100% 改为 300%，甲烷排放因子由 21.55 kg/TJ 改为 41.1 kg/TJ，并增加了生物质废弃物燃烧的甲烷排放因子缺省值列表。由于替代电产生的减排量步骤 1 部分中，自备发电的 CO_2 排放因子相关计算公式都有所改动，并在该部分中增加关于情景 14 的平均净热能效计算公式 15a。而在由于替代热而产生或增加的减排量部分中增加公式 22a，并去掉 03 版中的所有情景通用指南部分。

由于生物质废弃物人类来源的自然腐化或无控燃烧产生的基准线排放部分中，将其计算分为 2 个步骤。于步骤 1 中增加公式 22b、22c、22d、22e，并将步骤 2 中的公式 22f 取代 03 版中的公式 24a。且在步骤 2 中明确甲烷排放因子为 0.0027，代替 03 版的 219 kg/TJ，和确定生物质排放因子为 0.001971。两个步骤分别描述了情景 3、10 和 16 的计算公式。泄漏部分中，删掉公式 26 和 26a，公式 25 有变动。随后，用统一表格列出不需监测的数据和参数。计算公式中的一些细节变化概不累述。以上为基准线方法学的内容。

在 ACM0006 - 04 版的监测方法学中，更详细地明确了监测情况，并要求建立监测系统。用表格的方式列出需要监测的数据和参数，将项目排放参数、基准线排放参数、泄漏等分散内容用同一表格形式浓缩列举，比 03 版更为简洁、直观和精炼。

综上所述，02 版和 04 版的改动都很多，原因是这两个版本均增加了一个基准线情景，从而导致了一系列相关内容的变化。由于 ACM0006 是一个整合的大型项目方法学，其适用条件由生物质方面的各个方法学整合而来，难免会有些遗漏。再者，各个适用条件之间较细微的差别，衍生出来的与现实一致的情况需要解决，因而导致 ACM0006 的应用条件不断扩展，从而导致了该方法学频繁和大幅度改动。

在这一节里，我们将对 ACM0006 做系统全面的分析。

1. 项目活动描述

该方法学覆盖了利用生物质废弃物发电的各种不同项目类型。尽管如此，项目参与者还可以建议进一步修改该方法学将没有包含在该方法学情景的项目活动包含到其中去，这也是该方法学不断修正的原因之一。从方法学第一版包含 15 种基准情景到现在包含 17 种情景，该方法学可应用于所有利用生物质废弃物发电上网的活动，包括热电联产发电站。具体来说包括以下活动类型：

（1）在当前没有电厂（绿色发电项目）的场地建设新的生物质废弃物发电厂；

（2）新建的生物质废弃物发电厂替换或与现有的化石燃料/同类生物质燃料的发电厂同时运行（发电扩容项目）；

（3）现有发电厂能效提高（能源效率提高项目），如翻新改进现有的电厂或新建替换原有电厂；

（4）在现有的发电厂用生物质废弃物替换化石燃料（燃料切换项目）。

所有项目活动可以在生产生物质废弃物的农工企业内运行一个发电机组的基础上进行，或在一个独立的由附近地区或市场供应生物质原料的发电厂进行。

2. 适用条件

应用该方法学需要满足以下前提条件：

（1）没有方法学所定义的生物质类型之外的其他废弃物用于该项目，所利用的生物质废弃物是项目的主要燃料，可与某些化石燃料共烧；

（2）对于来自产品加工（如制糖或木板）的生物质废弃物利用项目，项目的实施应不导致原料输入（如糖、米、原木等）加工能力的增加或其他加工实质的变化（如产品改变）；

（3）项目设备使用的生物质废弃物应储存不到一年；

（4）除运输和机械处理生物质废弃物外，没有其他重大的能源消耗用于预处理生物质废弃物。也就是说，如果项目需要预处理生物质废弃物（如醋化废油），将在本方法学下不适用。

3. 基准线方法

该方法学分别从发电基准线、生物质利用基准线和产热三方面阐明其基准线情景。分别回答以下三个问题：

（1）没有 CDM 项目活动时，将如何产生电；

（2）没有 CDM 项目活动时，生物质废弃物将如何处理；

（3）没有 CDM 项目活动时，对热电联产项目，热如何产生。

对上述三个问题的分析将得出最有可能的真实可信情景。

情景一：发电基准情景

对发电部分而言，以下是被认为真实和可信的可选项：

P1　建议的项目活动没有作为一个 CDM 项目活动。

P2　建议的项目活动（建造一个发电厂）采用同类型的生物质废弃物作燃料但发电效率低下（例如相关工业领域的普遍效率）。

P3　发电是在一个现存的用化石燃料的发电厂内或其附近。

P4　发电是在一个现存的和/或新的并网电厂。

P5　连续发电是在一个现存的电厂，该厂采用与项目活动同类型的生物质废弃物作燃料，项目的实施直到电厂的生命周期的结束后都没有作为一个 CDM 项目考虑。

P6　连续发电是在一个现存的电厂，该厂采用与项目活动同类型的生物质废弃物作燃料，在电厂的生命周期的结束后由一个类似的新电厂替代。

情景二：产热基准情形

如果是热电联产活动，对于产热部分，以下选项被认为是真实可信的：

H1　建议的项目活动没有作为一个 CDM 项目活动。

H2　建议的项目活动（建造一个热电联产厂），燃烧同样的生物质废弃物但产热效率不同（例如相关工业领域的普遍效率）。

H3　产热是在一个现存的仅用化石燃料的热电联产厂内或其附近。

H4　产热是在燃烧同样的生物质废弃物的锅炉里。

H5　连续产热是在一个现有的热电联产厂内，该厂采用与项目活动同类型的生物质废弃物作燃料，项目的实施直到电厂的生命周期的结束后都没有作为一个 CDM 项目考虑。

H6　产热是在燃烧化石燃料的锅炉里。

H7　利用外部热源，如地方供应的热源。

H8 其他产热技术（如热泵或太阳能）。

情景三：生物质利用的基准情形

对生物质的利用，以下选项被认为是真实可信的：

B1 生物质废弃物主要在厌氧条件下堆放或废弃并腐化，例如堆放田野腐化。

B2 生物质废弃物在完全厌氧条件下堆放或废弃并腐化，例如在超过5米深的填埋池中。这种情况不适用于在田野库存堆放/废弃并腐化的生物质。

B3 生物质废弃物无控制燃烧而不用来产生能源。

B4 生物质废弃物在项目所在地被用来产热或发电。

B5 生物质废弃物被利用在其他现存的或新的联网发电厂发电，包括热电联供。

B6 生物质废弃物被用来在其他场地的现存或新的锅炉中产热。

B7 生物质废弃物被用作其他能源的目的，如制生物油。

B8 生物质废弃物被用作其他非能源目的，如用作化肥或加工中的原料（如纸浆和造纸工业）。

对于使用不同生物质废弃物的项目活动，应对每一种生物质废弃物分别确定其基准线情景。

综合以上情景，ACM0006归纳了以下17种基本基准线情景，如表5-4所示。

表5-4 ACM0006所适用的项目类型与基准线情景

情景	项目类型	基准线情景		
		发电	生物质	产热（如果相关）
1	绿色发电项目	P4	B5	H6或H7或H8
2		P4	B1或B2或B3	H6或H7或H8
3		P4	（B1或B2或B3）和B4	H4
4		P2和P4	B4	H2
5	扩容发电项目	P3和P4	B1或B2或B3	—
6		P3和P4	B5	—
7		P3和P4	B1或B2或B3	H3
8		P3和P4	B5	H3
9		P4	B5	—
10		P4	B1或B2或B3	H6或H7或H8
11		P4和P5	B4	H5
12		P4	B4	H4
13		P2和P4	B4	H2

续上表

情景	项目类型	基准线情景		
		发电	生物质	产热（如果相关）
14	能源效率项目	P4 和 P5	B4	H5
15	燃料切换项目	P3	B1 或 B2 或 B3	H3
16	扩容发电项目	P4 和 P6	B4（和 B1 或 B2 或 B3）	H4 和/或 B6
17		P3 和 P4	B1 或 B2 或 B3	H6 或 H7 或 H8

4. 项目边界的确定

为确定项目的温室气体排放，需要确定项目的边界。在 ACM0006 中，需要确定以下四种排放源：

（1）现场化石燃料和电能消耗产生的 CO_2 排放，包括发电厂混燃的化石燃料、场内运输消耗的化石燃料和处理生物质废弃物所消耗的电力；

（2）场外运输生物质废弃物所消耗的化石燃料产生的 CO_2 排放；

（3）连接到电力系统的火力发电厂燃烧化石燃料所产生的 CO_2 排放；

（4）通过项目产热所替换的化石燃料所产生的 CO_2 排放。

对于生物质废弃物最可能的基准线情景是堆放或在厌氧情况下腐化，或者是无控制下焚烧。因此还可以考虑是否在项目边界内包括甲烷 CH_4 的排放。

综上，项目边界的空间范围应包括：

（1）电厂所在的位置；

（2）运输生物质废弃物到项目所在地的路径；

（3）项目物理连接的电网所覆盖的所有发电厂；

（4）生物质废弃物堆放/腐化的场地。

表 5 - 5 显示了为确定项目排放和基准线，在项目边界内应包括或排除的排放源。

表 5 - 5　项目边界内应包括或排除的排放源表

	排放源	温室气体种类	是否包括	说明理由/解释
基准线	电网发电	CO_2	包括	主要排放源
		CH_4	不包括	简化、保守起见
		N_2O	不包括	简化、保守起见
	产热	CO_2	包括	主要排放源
		CH_4	不包括	简化、保守起见
		N_2O	不包括	简化、保守起见
	生物质废弃物的无控燃烧或腐化	CO_2	不包括	此情景 CO_2 排放将不导致碳库的变化
		CH_4	包括	主要排放源
		N_2O	不包括	简化、保守起见

	排放源	温室气体种类	是否包括	说明理由/解释
项目活动	发电厂场内由于项目活动的化石燃料和电力消耗	CO_2	包括	主要排放源
		CH_4	不包括	简化起见，该排放源假定非常小
		N_2O	不包括	简化起见，该排放源假定非常小
	场外生物质废弃物的运输	CO_2	包括	主要排放源
		CH_4	不包括	简化起见，该排放源假定非常小
		N_2O	不包括	简化起见，该排放源假定非常小
	焚烧生物质废弃物发电	CO_2	不包括	此情景 CO_2 排放将不导致碳库的变化
		CH_4	包括	主要排放源
		N_2O	不包括	简化起见，该排放源假定非常小
	生物质废弃物的储存	CO_2	不包括	此情景 CO_2 排放将不导致碳库的变化
		CH_4	不包括	简化起见，由于生物质储存时间不到1年，该排放源假定非常小
		N_2O	不包括	简化起见，该排放源假定非常小

5. 减排量

项目活动的减排主要来自生物质废弃物产生的能量替代用化石燃料产生的电和热。在给定年度的项目减排量 ER_y 等于项目的基准线排放 $BE_{biomass,y}$ 与替代化石燃料产生的电能的排放 $ER_{electricity,y}$ 以及替代化石燃料产生的热能的排放 $ER_{heat,y}$ 之和，减去项目自身的排放与泄漏产生的排放，用下式表示：

$$ER_y = ER_{heat,y} + ER_{electricity,y} + BE_{biomass,y} - PE_y - L_y$$

对于每一基准线情景，ACM0006 都给出了详细和具体的计算步骤与公式，这里不做介绍。在下一节案例分析中，对生物质废弃物焚烧发电项目给出了一个具体计算实例。

6. 监测方法

在项目设计文件（PDD）中需要描述所有监测过程，包括测量设备的类型、监控和 QA/QC 的责任。方法学 ACM0006 提供了不同的选择（例如采用缺省值或现场测量）并详细说明了哪一种选择将被采用。监测方法要求所有的仪器应定期按工业实施标准校对。

监测方法要求所有收集的数据应电子化归档并至少保留到项目计入期结束后两年。项目参与者应建立一个系统来监测所有焚烧的各种生物质。如果焚烧的生物质量是通过估算运输到电厂的生物质量得出，在每一个核证期应建立一个能量平衡的过程，考虑从存储生物质开始到每一个核证期结束。现场生物质发电厂消耗的化石燃料也应建立一个这样的能量平衡过程。项目参与者应尽可能通过购买的燃料票据交叉核对上述燃料的使用量。

第三节　生物质废弃物热电联产项目案例分析

在这一节里，我们将以我国第一个生物质发电示范项目为例，系统分析生物质开发利用 CDM 项目中所遇到的各种关键问题，并阐述解决问题的方法与途径。

一、项目简介

江苏如东 25 MW 生物质发电项目位于长江三角洲北翼、南黄海之滨的江苏省如东县掘港镇银北村，北纬 32°12′～32°36′，东经 120°42′～121°22′。项目场址 25 公里半径范围内秸秆资源丰富，基础设施配套，地理区位优越，交通发达，秸秆发电可就近上网。

项目将建造和运行一个 25 MW 生物质焚烧发电厂，完全利用生物质秸秆发电。为此，将安装一个 25 MW 发电机组并将项目产生的电出售给华东电网。

项目利用的生物质秸秆有产自农田的稻秆、麦秆和玉米秆，这些废弃物将腐化或以无控方式燃烧掉。预计项目每年将利用 90 000 t 稻秆、50 000 t 麦秆和 30 000 t 玉米秆。

项目由江苏国信新能源开发有限公司开发，该公司是由江苏省国信资产管理集团有限公司和江苏东升恒业投资有限公司共同投资组建的一家开发新能源的大型股份制企业。

首期项目总投资为 2.9909 亿元人民币，占地面积 6.66 万 m^2，年发电量 1.8 亿度，年上网发电量 1.62 亿度，年销售产值可达 1.17 亿元人民币。该项目是我国第一个生物质发电示范项目，同时也是江苏省可再生能源规模化发展范围项目，江苏省"十一五"科技攻关项目和如东县绿色能源创建县的重点工程。

项目的开展对中国可持续发展的贡献体现在以下几方面：

• 项目活动利用可再生生物质发电替代如果没有该项目将使用的化石燃料发电，利用可再生资源产生能源与中国能源政策是一致的；

• 项目将减少温室气体排放，同时减少其他如 SO_2 和 NO_x 的污染；

• 项目利用生物质秸秆将改善当地的环境，如果没有该项目这些废弃物将腐化或以无控制方式燃烧掉；

• 项目将保护土地、森林、水和生态系统等自然资源；

• 项目将有助于发展当地经济，并为当地居民创造新的就业机会和增加当地农民的收入，同时项目的利益将重新分配给当地居民。

二、方法学与基准线分析

选择方法学 ACM0006 作为江苏省如东县生物质发电示范项目的基准线方法学。

1. 项目符合 ACM0006 要求满足的条件

ACM006 方法学描述的所有适用性条件：没有方法学所定义的生物质类型之外的其他废弃物用于该项目，所利用的生物质废弃物是项目的主要燃料。

项目将利用农业活动的废弃物：稻秆、麦秆和玉米秆。这些生物质秸秆不包括城市废弃物或其他含有化石或不可生物降解物质的废弃物。因而，正如方法学所定义的，项目活动使用的生物质是生物质秸秆。而且这些生物质秸秆是项目的主要燃料，项目中仅有少量柴油被用来点火。

●对于来自产品加工（如制糖或木板）的生物质废弃物利用项目，项目的实施应不导致原料输入（如糖、米、原木等）加工能力的增加或其他加工实质的变化（如产品改变）。

适用理由：本项目采用的生物质废弃物全部来自农业活动，而不是来自产品加工。

●项目设备使用的生物质废弃物应储存不到一年。

适用理由：由于项目周围每年 12 个月都有充足的秸秆资源，项目所使用的生物质秸秆储存时间不超过 1 个月。

●除运输和机械处理生物质废弃物外，没有其他重大能源消耗用于预处理生物质废弃物。

适用理由：除运输和机械处理生物质秸秆外，本项目不需其他重大能源消耗来预处理作为燃料的生物质秸秆。

2. 项目基准线确定

对于每一基准线方法学，采用以下步骤分别按发电和利用生物质来识别基准线情景。因为本项目不含产热，因而不考虑产热的基准线情景。

关于发电基准线，按照 ACM0006 关于发电的 6 类选项，根据本项目的实际情况，分析如下：

选项 P1：不具有经济上的吸引力，存在投资、技术和推广障碍。

选项 P2：中国没有相似规模的其他生物质发电厂，目前中国已有的直燃生物质发电的装机容量仅为 5 MW。即使是低效率的生物质发电厂在中国都不普遍。因此选项 P2 不是真实和可信的选项。

选项 P3：不是真实和可信的选项，因为项目场地及附近不存在仅使用化石燃料的发电厂。

选项 P5 和 P6 不是真实和可信的选项，因为不存在使用同类生物质燃料的生物质发电厂。

因而 P4 是最真实和可信的选项。

关于生物质利用基准线，按照 ACM0006 给出的 B1～B8 情景，分析如下：

因为该项目将利用稻秆、麦秆和玉米秆，应对每一类秸秆的生物质利用的基准线将分别确定。这里仅以稻秆为例进行分析：

目前项目所在地附近没有其他利用生物质发电和/或产热的工厂，同时该项目如果没有 CDM 的资助将不会实施，而且项目附近没有其他用生物质秸秆（包括稻秆、麦秆和玉米秆）制油或其他能源资源的工厂。一些秸秆被用作家庭燃料和家畜饲料，然而用于家庭燃料和家畜饲料的秸秆比例仅为年产秸秆量的 27%。项目将收集和利用这些以无控方式燃烧掉或在厌氧下废弃腐化掉的稻秆。因而 B2、B4、B5、B6、B7 和 B8 将被排除在真实和可信的候选项之外，对该项目的生物质利用而言，选项 B1 或 B3 是最真实和可信的选项。

综上所述，情景 2（发电 P4 选项和 B1 或 B3 的生物质废弃物利用选项的组合）被选为项目基准情景。

三、额外性论述

正如基准线方法学所描述的，为评估和论证项目的额外性，采用"额外性评估和论证工具"。在这里我们主要从投资障碍和技术障碍两方面来讨论如何论述项目减排的额外性。

1. 投资障碍分析

投资分析将用来证明建议的项目（不作为一个 CDM 项目），在没有 CERs 的销售收益的情况下是否具有经济上的吸引力。为此，我们采用"应用基准分析"方法。

应用基准分析方法适用于拟议的 CDM 项目的替代方案不是投资项目的情况，比如可再生能源发电并网项目可能的替代方案为从现有电网供电。这时可将拟议的 CDM 项目投资的财务效益指标与相关基准财务指标值比较，例如股本应得回报率（RRR）或行业建设项目投资的基准内部收益率。基准财务指标值是代表市场的标准回报率，并考虑了该项目类型特定的风险条件，但与具体项目开发者主观的收益率期望或风险预测无关。因此不能用具体项目业主自定的内部收益率指标作为基准内部收益率。同理，如果 CDM 项目活动的财务指标比基准财务指标值要低（例如较低的 IRR），则不能被视为具有财务吸引力，缺乏行业竞争优势，因而具有额外性。

计算 CDM 项目及其替代方案投资效益的财务指标实际上是常规的项目财务评价内容，比如现金流要包括所有固定资产投资成本，可变投资成本（人力、燃料、运行维护等）和产品销售收入（不包括 CERs 收入）等；比如内部收益率 IRRs 可以考虑对项目的内部收益率（即全投资法，而不考虑融资来源和条款），或者考虑对股本投资者的内部收益率（即资本金法，考虑自有资金以及债务融资的数量和成本），酌情而定。

为了经得起 EB 指定的审定者 DOE 对项目合格性的独立审计，要求以透明的方式描述投资分析，即要清楚地交代关键技术经济参数和假设条件及其合理性验证，使得 DOE 能够重复该分析并获得相同结果。需要提醒的是，如果投资效益财务分析是作为项目具有额外性的依据，那么项目参与方不能以商业机密或专利信息为由拒绝提供相关数据信息。具体保密处理应与 DOE 磋商。

同时为了使在项目活动与基准线替代方案间进行的投资分析比较具有可比性，原则上应采用可比的基本假设和技术经济参数。

在做投资分析时需要做财务敏感性分析，旨在佐证有关财务吸引力的结论是否有充分的抗风险力，即证明在关键假设条件和技术经济参数的合理变化范围内上述结论仍然充分成立。否则投资分析提供有利于额外性的论据就显得脆弱，缺乏说服力。

根据以上规则和要求，我们计算了该项目的财务指标，结果如表 5-6 所示。

表 5-6　财务指标的计算和比较

项　目		数　值
设备和厂房费（初始投资成本）		28 579.6 万元
电价		0.638 元/kWh
电量销售（157 000 000 kWh/a）		10 016.6 万元
项目生命期		25 年
支出费用	运行与管理成本（不包括生物质燃料）	3 146.1 万元/a
	生物质燃料	5 610 万元/a
内部收益率		1.69 %

同时对项目进行敏感性分析，建立以下假设是用来检验该项目关于财务吸引力分析的结论是否可靠：

（1）设备成本费比预计低 10%。（项目内部收益率 IRR = 2.26%）

（2）发电量比预期多 5%。（项目内部收益率 IRR = 4.47%）

（3）运行与管理费比预期低 10%。（项目内部收益率 IRR = 1.89%）

（4）生物质燃料成本比预期低 10%。（项目内部收益率 IRR = 4.82%）

按照额外性工具的指导，项目内部收益率应与一个基准值做比较。一个合适的基准值来自中国政府 10 年期的公债收益率，当时 10 年期公债年利率为 5.531%。

计算结果显示：

（1）该项目的内部收益率估测低于基准值 5.531%。

（2）即使在上述 4 种不同的更优条件下，项目内部收益率都没有超过基准值 5.531%。

因此，该项目的内部收益率和敏感性分析证实了这一事实：该项目没有财务吸引力且项目的成功实施依赖于 CDM 机制，因而项目具有额外性。

该项目由于内部收益率非常低，即使在 4 种不同的更优条件下，项目内部收益率都没有超过国债的收益率；如果项目的内部收益率相对较高，比如6%或10%，将如何利用基准分析方法来论述项目的额外性呢？

这需要根据项目的具体情况做具体分析，根据基准分析方法的原则，我们可以选择不同的基准财务指标值来进行比较，比如行业内部规定的标准。如国家电力公司在《电力工程技术改造项目经济评价暂行办法》中规定项目内部收益率不能低于8%，这样可以用来分析内部收益率低于8%的项目的额外性。我们甚至还可以根据项目所在公司的内部基准来论述，比如公司内部规定对于公司今后进行项目建设（包括新建和扩建）时的财务收益率不能低于某一标准，比如15%，低于这一标准的项目不得实施。这一标准同样也能作为基准分析方法的财务基准值，当然如果根据公司内部基准进行分析时，根据EB的要求，还需要计算公司的加权资本成本。

2. 技术障碍分析

作为CDM项目的一个基本要素就是项目的实施有助于发达国家对东道国的技术转让。因此，如果项目需要引进发达国家的设备与技术，项目将具有充分的额外性。如果项目采用的是国产设备，如何证明项目有助于技术转让就成了一个有待解决的问题。关于这一点，我们可以依次分析：

（1）国产设备的研制过程中是否得到了发达国家的技术援助；

（2）国产设备的某一部分是否采用或包含了发达国家的技术；

（3）国产设备的制造是否利用了发达国家的专利或技术。

如果能证明上述的任何一点，同样可以证明该项目是有利于技术转让并具有额外性。如果上述条件都不满足，还可通过具体分析项目采用国产设备的技术与性能特点对比国外同类设备的技术与性能来论述项目的额外性。

该项目原计划采用丹麦生产的整套锅炉设备，由于其设备成本昂贵，后决定全部采用国产设备。其锅炉为无锡研制与生产的高温高压锅炉，该设备是国内第一台具有自主知识产权的大型纯秸秆焚烧锅炉，在性能与稳定性上与发达国家的同类产品存在一定的差距，在管理与维护上没有现存的模式可以操作，因此存在现实的技术障碍。这一障碍可以通过CDM机制来克服，通过销售项目的CERs获得的额外收入来培训员工克服这些障碍。

四、减排量的计算

正如上文描述，选项P4（在现存电厂和/或新的上网电厂发电）和选项B1或B3（生物质废弃物主要在厌氧条件下堆放或废弃并腐化或生物质废弃物无控燃烧而不用来产生能源）分别被确认为发电和生物质利用的基准线情景。对于每一基准线方法学，情景2被认为是组合P4和B1或B3的基准线情景。因而，在各种不同的基准线情景建议的计算排放方法中，情景2的方法被用来计算该项目的减排。

1. 减排量

项目活动在给定年度的减排量确定如下：

$$ER_y = ER_{electricity,y} + BE_{biomass,y} - PE_y - L_y \tag{5-1}$$

式中：

ER_y ——— 第 y 年项目活动减排量，t CO_2e/a；

$ER_{electricity,y}$ ——— 第 y 年由于替代电所产生的减排量，t CO_2e/a；

$BE_{biomass,y}$ ——— 第 y 年生物质秸秆由于自然腐化或人工焚烧的基准线排放，t CO_2e/a；

PE_y ——— 第 y 年项目活动排放量，t CO_2e/a；

L_y ——— 第 y 年项目泄漏量，t CO_2e/a。

（1）替代电减排量

替代电减排量用以下公式和步骤计算：

$$ER_{electricity,y} = EG_y \times EF_{electricity,y} \tag{5-2}$$

式中：

$ER_{electricity,y}$ ——— 第 y 年由于替代电所产生的减排量，t CO_2e/a；

EG_y ——— 第 y 年生物质发电项目所产生的净增发电量，MWh/a；

$EF_{electricity,y}$ ——— 第 y 年替代电的 CO_2 排放因子，t CO_2e/MWh。

第一步：确定 $EF_{electricity,y}$

电网排放因子被当作替代电的排放因子（$EF_{electricity,y} = EF_{grid,y}$），且电网排放因子由方法学 ACM0002 确定，因为该项目的装机容量为 25 MW，大于 15 MW。

对于该项目活动，我们采用中国指定国家管理机构 DNA 公布的用 ACM0002 计算出来的官方排放因子。

第二步：确定 EG_y

对于每一基准线方法学，EG_y 对应于项目所产生的净增加的发电量。

$$EG_y = EG_{project\ plant,y} \tag{5-3}$$

（2）生物质废弃物由于自然腐化或人工焚烧产生的基准线排放 $BE_{biomass,y}$ 由两步确定：

第一步：确定项目活动所利用的生物质废弃物量（$BF_{PJ,k,y}$）

项目所利用的生物质废弃物量等于项目所焚烧的生物质废弃物量（$BF_{PJ,y} = BF_{k,y}$）

第二步：根据利用生物质废弃物的基准线情景，估算甲烷的排放因为大多数生物质废弃物利用基准线情景是：生物质废弃物主要在厌氧条件下堆放或废弃并腐化（B1）或生物质废弃物无控燃烧而不用于产生能源（B3），为保守起见，我们假定生物质废弃物以无控燃烧的方式来计算基准线排放。

$$BE_{biomass,y} = GWP_{CH_4} \times \sum_i BF_{PJ,k,y} \times NCV_k \times EF_{burning,CH_4,k,y} \tag{5-4}$$

式中：

$BE_{biomass,y}$ —— 第 y 年生物质秸秆由于自然腐化或人工焚烧的基准线排放，$t\ CO_2e/a$；

GWP_{CH_4} —— 甲烷全球温升潜势，$t\ CO_2e/t\ CH_4$；

$BF_{PJ,k,y}$ —— 第 y 年项目活动所在电厂使用的 k 类生物质废弃物的数量，t 或 m^3；

NCV_k —— k 类生物质废弃物在干燥状态下的净热值，GJ/t 或 GJ/m^3；

$EF_{burning,CH_4,k,y}$ —— k 类生物质废弃物在无控燃烧下 CH_4 排放因子，$t\ CH_4/GJ$。

2. 项目排放

项目排放包括运输生物质废弃物到项目所在地产生的 CO_2 排放，项目活动消耗的化石燃料的 CO_2 排放，项目本身耗电产生的 CO_2 排放，以及焚烧生物质废弃物所产生的 CH_4 排放。

$$PE_y = PET_y + PEFF_{CO_2,y} + PE_{EC,y} + GWP_{CH_4} \times PE_{biomass,CH_4,y} \tag{5-5}$$

式中：

PET_y —— 第 y 年运输生物质秸秆到项目场地所产生的排放，$t\ CO_2e/a$；

$PEFF_{CO_2,y}$ —— 在第 y 年项目发电设备所消耗的化石燃料产生的 CO_2 排放或其他项目所在地项目活动所消耗的化石燃料产生的 CO_2 排放，$t\ CO_2e/a$；

$PE_{EC,y}$ —— 第 y 年项目场地所消耗的电产生的 CO_2 排放，$t\ CO_2e/a$；

$PE_{biomass,CH_4,y}$ —— 第 y 年项目焚烧生物质秸秆所排放的甲烷量，$t\ CH_4/a$。

（1）运输生物质废弃物到项目场地所产生的 CO_2 排放（PET_y）

对于项目运输所产生的排放，我们选择选项 1 来计算。以下是相关计算公式：

$$PET_y = N_y \times AVD_y \times EF_{km,CO_2,y} \tag{5-6}$$

式中：

N_y —— 第 y 年卡车运输次数；

AVD_y —— 从生物质废弃物供应地到电厂来回程平均距离，km；

$EF_{km,CO_2,y}$ —— 用卡车运输生物质秸秆的平均排放因子，$t\ CO_2e/km$。

（2）发电厂消耗化石燃料所产生的 CO_2 排放（$PEFF_y$）

下面的公式用来计算项目在场地内所消耗的化石燃料产生的 CO_2 排放：

$$PEFF_y = \sum_i (FF_{project\ plant,i,y} + FF_{project\ site,i,y}) \times NCV_i \times COEF_i \qquad (5-7)$$

式中：

$FF_{project\ plant,i,y}$ —— 生物质发电厂在第 y 年消耗化石燃料类型 i 的数量，用质量或体积单位表示；

$FF_{project\ site,i,y}$ —— 第 y 年项目活动所在地由于其他用途所消耗化石燃料类型 i 的数量，用质量或体积单位表示；

NCV_i —— 化石燃料类型 i 的净热值，GJ/质量或体积单位；

$COEF_i$ —— 化石燃料类型 i 的 CO_2 排放因子，$t\ CO_2e/GJ$。

（3）电力消耗产生的 CO_2 排放（$PE_{EC,y}$）

电厂耗电所产生的 CO_2 排放可以用消耗电量乘以电网的排放因子得到，计算公式如下：

$$PE_{EC,y} = EC_{PJ,y} \times EF_{grid,y} \qquad (5-8)$$

式中：

$EC_{PJ,y}$ —— 第 y 年项目活动所在地消耗的电量，MWh；

$EF_{grid,y}$ —— 第 y 年电网的 CO_2 排放因子，$t\ CO_2e/MWh$；

（4）焚烧生物质所产生的甲烷排放

包括在项目边界内的排放源，其排放计算公式如下：

$$PE_{biomass,CH_4,y} = EF_{CH_4,BF} \times \sum_k BF_{k,y} \times NCV_k \qquad (5-9)$$

式中：

$BF_{k,y}$ —— 第 y 年电厂焚烧生物质类型 k 的数量，t（干重）；

NCV_k —— 生物质类型 k 的净热值，GJ/t；

$EF_{CH_4,BF}$ —— 电厂所焚烧的生物质的 CH_4 排放因子，$t\ CH_4/GJ$。

3. 泄漏

在秸秆产量充足的情况下，大量的秸秆由于没有其他利用方式（如沼气发电、生物质制气等）而直接露天焚烧，则项目的泄漏为零。如果由于焚烧发电项目影响到其他秸秆利用项目所需要的秸秆，必须考虑这部分秸秆所带来的泄漏。

根据如东县生物质发电厂委托资源调查公司提供的数据（表5-7），项目周围30 km范围内，秸秆（稻秆、麦秆和玉米秆）资源可获得量/使用量之比分别为1.64、1.93和1.40，均满足ACM0006所要求的1.25最低限，可以认为项目所需要的秸秆资源是充足的，项目的实施不会影响到其他项目所需的秸秆，因此项目的泄漏为零。

表5-7 如东县电厂周边30 km范围内秸秆资源总量及可获得量

序号	类 别	稻秆	麦秆	玉米秆	合计
1	秸秆资源总量/万 t	43.7	16.1	2.1	61.9
2	秸秆资源可获得量/万 t	22.1	5.8	0.7	28.6
3	项目计划使用量/万 t	13.5	3.0	0.5	17.0
4	可获得量/使用量之比/万 t	1.64	1.93	1.40	—

4. 计算结果分析

根据以上分析和计算公式，结合如东县生物质发电项目可行性分析报告提供的数据，得到项目的减排量如下：

（1）减排量

$$ER_y = ER_{electricity,y} + BE_{biomass,y} - PE_y - L_y$$
$$= 135\ 648 + 13\ 322 - 4\ 473 - 0 = 144\ 497(t\ CO_2 e/a)$$

（2）替代电减排量

$$ER_{electricity,y} = EG_y \times EF_{electricity,y}$$
$$= 157\ 000 \times 0.8640 = 135\ 648(t\ CO_2 e/a)$$

（3）生物质秸秆由于自然腐化或人工焚烧产生的基准线排放

$$BE_{biomass,y} = GWP_{CH_4} \times \sum_i BF_{i,y} \times NCV_i \times EF_{burning,CH_4,i}$$
$$= 21 \times 170\ 000 \times 0.01704 \times 0.219 = 13\ 322(t\ CO_2 e/a)$$

（4）项目自身排放

$$PE_y = PET_y + PEFF_{CO_2,y} + GWP_{CH_4} \times PE_{biomass,CH_4,y}$$
$$= 702 + 1\ 271 + 21 \times 119.1 = 4\ 473(t\ CO_2 e/a)$$

1）运输生物质秸秆到项目场地所产生的 CO_2 排放

$$PET_y = N_y \times AVD_y \times EF_{km,CO_2}$$
$$= 10\ 667 \times 60 \times 0.001097 = 702(t\ CO_2 e/a)$$

2）发电厂消耗化石燃料所产生的 CO_2 排放

$$PEFF_y = \sum_i FF_{project\ plant,i,y} \times COEF_{CO_2,i}$$

$$= 0.4 \times 43.33 \times 73.326 = 1\ 271(t\ CO_2e/a)$$

3）焚烧生物质所产生的甲烷排放

$$PE_{biomass,CH_4,y} = EF_{CH_4} \times \sum_i BF_{i,y} \times NCV_i$$

$$= 0.0411 \times 170\ 000 \times 0.01704 = 119.1(t\ CH_4/a)$$

我们得到如表5-8所示结果：

表5-8　江苏如东县25 MW生物质发电项目减排量计算结果　　　　单位：t CO₂e/a

项目自身排放量	4 473	其中秸秆焚烧产生的甲烷排放	2501
基准线排放量	13 322	其中秸秆露天焚烧产生的甲烷排放	13 322
替代电量减排量	135 648	泄漏估计	0
项目年总减排量估计	144 497		

从以上计算结果我们可以看到，项目的主要温室气体减排来自项目的发电量即项目替代燃煤发电所减少的排放，其次是由于秸秆在高温下焚烧比在常温下焚烧所释放的甲烷要少于所带来的减排量。项目自身产生的排放量很少。由于秸秆露天焚烧和在高温高压下焚烧产生的 CO_2 没有变化，因而在计算项目自身排放量和基准线排放量时产生的 CO_2 没有考虑。

五、监测实施计划

根据ACM0006监测方法学要求，针对江苏国信如东生物质发电项目与江苏国信如东生物质发电有限公司管理架构，我们制定了该项目的监测实施计划。

基本原则是：所有监测设备都将由专业人员安装并由江苏国信如东生物质发电有限公司按国际最高标准定期校对。电厂的雇员将培训操作所有监测设备。所有数据读取都应在江苏国信如东生物质发电有限公司的监督管理下进行。江苏国信如东生物质发电有限公司将任命主管人员负责对所有CDM数据的监测/获取和记录。

1. 项目管理的责任

江苏国信如东生物质发电有限公司将负责项目监测计划的执行。相关数据将系统、可靠地收集和保存，并定期评估以确保相关核证信息的有效性。记录和管理所有监测变量的电子表格文件将保存并定期递交给DOE核证。

2. 质量保证与控制

数据的记录、维护和归档的质量保证与控制应由江苏国信如东生物质发电有限公司负责，江苏国信如东生物质发电有限公司将保证提供员工负责数据的收集和监测，并提供必要的培训机会以确保其工作效率。

3. 现场程序

（1）运行和维护日志

每天的运行与维护日志由每一轮班负责人实时维护，轮班负责人将提供电厂运行的详细定点信息。任何重要事件将报告并记录在一个特别事件日志里。

（2）运行和维护报告

该报告每月撰写一份并提交给江苏国信如东生物质发电有限公司。报告包括以下内容：摘要，意外事件、故障和采取的补救措施，安全与环境，电厂成效与有效性，测量记录，燃料报告，人员变动等。

（3）设备校对程序

江苏国信如东生物质发电有限公司将负责按国际标准对监测设备进行校对。很重要的一点是：江苏国信如东生物质发电有限公司需要严格按照说明书安装和维护所有测量设备。

4. 数据存储和归档

所有相关数据都应监控并以电子文件存储。

第四节　生物质热电联产碳减排项目开发要点

一、广泛推广

根据上文的分析与计算可知，生物质热电联产项目满足 CDM 机制规定的条件，从投资障碍额外性到技术额外性以及普遍性推广障碍都满足 CDM 机制的额外性要求。同时该项目符合我国可持续发展的需求，是我国政府鼓励优先开展的 CDM 项目类型，因而是非常理想的 CDM 项目。生物质发电项目是环境友好型项目，但由于投资成本高，缺乏经济竞争力，难以普及开展，正是由于 CDM 机制带来的经济竞争力，使该类项目面临前所未有的发展机遇，扫除了在我国广大农村地区普遍推广的障碍，为加速推广创造了条件。

二、科学规划

我国虽然生物质资源总量巨大，但比较分散，因此造成了资源的相对有限性。生物质资源的收集是生物质热电联产项目发展面临的首要挑战。其主要包含的因素有运输距离、秸秆资源、秸秆类型等方面，因此，项目规模将受其可获得资源量的限制，并且在一个地区不能同时建设多个生物质热电联产项目，否则将导致生物质资源匮乏、盈利空间缩水等问题。建议政府相关部门加大规划力度，出台相关规范，发挥政府主导作用、制定科学的有指导意义的生物质资源利用规划，并加强规划的刚性，杜绝"一哄而上"的局面，这是保证生物质热电联产产业健康发展的首要前提。

三、资源调查

生物质热电联产项目实施的关键因素是保证可利用生物质原料的供给量,因此资源调查成为项目立项的重要前提。在资源调查中,首先要根据农作物类型的不同做好统计,确定合理的谷草比。不同地区有不一样的谷草比,例如我国新疆地区的棉花秸秆与其他地方的谷草比就有较大区别,因此不能按一个固定比例来用,应该进行实地考察;其次要考察当地的交通便利情况,如我国浙沪一带交通网发达,且水路运输便利,生物质资源的运输半径相对较大;华中、华南地区丘陵较多,运输费用相对较高,农业机械化程度较差,生物质原料的运输半径相对较短。此外,一个地区的生物质资源总量可能很大,但并不是所有资源都可以被利用,目前锅炉大部分只燃烧同一类物理特性的燃料,或以木本生物质资源为主,或以秸秆为主,将所有生物质资源都列入燃烧原料是不可取的,否则未来很可能面临收集资源困难的问题。因此在项目立项之前,要先进行实地考察,综合考虑各方面的影响因素,只有做到客观,生物质热电联产项目的实施才能够成功运行。

第六章 利用农作物秸秆生产人造板项目碳减排方法学研究

农作物秸秆是指农作物成熟时其籽粒收获之后残留的茎、叶等副产品，如麦秸、稻杆、棉杆等。农作物秸秆来源广泛、数量巨大、易于获取。虽然秸秆是农业废弃物，但是具有相当高的回收利用价值，属于可再生资源。农作物秸秆的能源化和资源化利用具有很好的环境、经济与社会效益。最近几十年，随着我国农村经济社会发展，农田秸秆废弃现象非常严重，秸秆在田间被大量焚烧，既浪费了资源，又污染了环境。利用废弃农作物秸秆作为原料生产人造板，顺应国家节约利用木材资源的产业政策。现阶段利用农作物秸秆生产人造板的产业化技术已较成熟。发展秸秆人造板产业对于减少木材采伐量，保护森林资源，提高资源综合利用，保护生态环境具有十分重大的意义。

本章主要依据温室气体计量方法学的一般思路，在参考清洁发展机制和我国温室气体自愿减排交易体系等相关文献的基础上，结合国内秸秆人造板生产工艺和生产参数，探索与研究了适合我国秸秆人造板项目碳减排计量方法。

第一节 我国人造板产业发展现状分析

人造板是以木材及其剩余物或其他非木材植物为原料，经一定机械加工分离成各种单元材料后，施加或不施加胶粘剂和其他添加剂胶合而成的板材或模压制品。人造板的出现，革新了居民对林木资源的利用方式，从单纯改变形状升级为改变木材性能，提高了木材的综合利用率，1 m^3 人造板可代替约 3 m^3 的原木使用。人造板在服务人类生活及节约天然林资源等方面均占据重要地位，由于其原料来源广泛、可加工性佳、工艺成熟、性价比高，可广泛应用于家具、厨具、地板、木门、工艺品、装饰装修等领域，已融入人们的日常生活中。

随着中国经济发展进入新常态，人造板产业正在转变发展方式以适应市场需求变化。多地政府出台政策推动和引导产业升级，企业不断谋求技术进步提升竞争力，落后产能加速淘汰，产业整体结构逐步优化提升，产业集中度逐步提高。我国人造板产量从 1999 年的 1 503 万 m^2 增长到 2015 年的 2.87 亿 m^2，复合增长率达到 20.24%。其中，2009—2011 年，我国人造板产量经历了年增速约 30% 的快速增长，2012 年开始行业增速大幅放缓。到 2015 年，随着宏观经济的结构性调整，人造板行业增速已低于 5%，产量增速仅为 4.78%，收入增速为 2.55%（图 6 – 1）。总体而言，目前行业发展处于低速调整、转型升级的关键时期，转变发展方式、优化产业结构、实现供需平衡将成为中国人造板产业的发展主线（中国林产工业协会等，2015）。

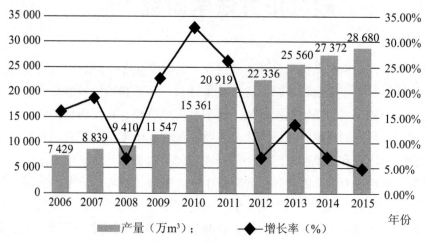

图 6 - 1　2006—2015 年中国人造板产量和增长率图

数据来源：历年中国林业统计年鉴。

按照原料及生产工艺不同，人造板可分为纤维板、胶合板、刨花板、细木工板等品种，其中纤维板、胶合板、刨花板为市场三大主流人造板，2011—2015 年数据合计产量占人造板总产量的 85% 以上（图 6 - 2）。

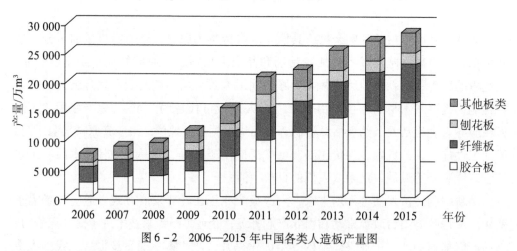

图 6 - 2　2006—2015 年中国各类人造板产量图

数据来源：历年中国林业统计年鉴。

中国是世界纤维板生产第一大国。2015 年全国纤维板产量 6 619 万 m^3，占全国人造板产量 23.08%，产值近 1 000 亿元。从时间轴来看，2006—2011 年，纤维板生产由于技术逐渐成熟及下游市场需求旺盛进入快速增长期，复合增长率达到

17.66%，从 2012 年开始产量增速放缓，逐渐告别高增长时代，行业进入结构调整期，落后产能逐步淘汰，供求关系趋于平衡（图 6 - 3）。

图 6 - 3　2006—2015 年中国纤维板产量图

数据来源：历年中国林业统计年鉴。

随着人们生活水平及环保意识的提高，纤维板产业发展方向随着需求导向已呈现出落后设备被逐步淘汰、环保型与功能性产品更受青睐的发展趋势。纤维板行业内生产企业众多，部分小企业由于设备陈旧、技术落后、性能不稳定而面临生存窘境。国家发改委《产业结构调整指导目录（2011 年版）》将单线 5 万 m³/a 以下的中高密度纤维板生产装置列为"限制类"建设项目，以引导未来纤维板投资方向。另外，行业内部分优势企业则借助规模效益、原料利用率高、产品质量等优势，生产效益持续高速增长。另有部分企业寻求差异化产品战略，在阻燃板、防潮板、镂铣板、低醛板等细分方向发力，同样获得较好的效益。行业总体呈现规模化与差异化发展格局，发展更为良性健康。

2015 年，我国生产刨花板 2030 万 m³，占全国人造板产量的 7.1%。近年，中国刨花板产业升级加速，落后生产能力逐步丧失市场竞争力，大批落后生产线被关闭、拆除或停产，但由于适合绿色发展的理念，未来刨花板的供给有望继续回升。

人造板的上游是林木行业，当前森林采伐量受限，相比实木地板，人造板经济性更强。人造板产业发展的基础是上游林木资源。我国森林面积有限，并且近年来森林总面积保持不变。森林资源对涵养水源、净化空气、保护水土流失等有重要作用，森林的采伐已经变得极其谨慎。尽管林木资源是可再生性资源，但是森林资源依然具有稀缺性。自 2009 年以来，我国森林面积保持在 2.08 亿 hm²，林业面积维持相对稳定，但是人均森林面积保有量却在 2009 年达到历史高峰之后，维持小幅下跌的局面，截至 2015 年，我国人均森林面积为 0.1511 hm²，仅为全球人均森林面积的 1/4。森林资源的稀缺性决定了实木地板行业具有局限性，而人造板因为对木材要求相对较低，市场空间广阔。

随着国家对森林资源砍伐的规定越发趋严，人造板上游资源将越发稀缺。2015年12月《国家林业局关于严格保护天然林的通知》发布，通知要求严格控制低产低效天然林改造、严格控制天然林树木采挖移植、进一步完善天然林保护措施。《中共中央关于制定国民经济和社会发展第十三个五年规划的建议》提出，完善天然林保护制度，全面停止天然林商业性采伐，增加森林面积和蓄积量。中国全面停止天然林商业性采伐共分为三步实施，最终决定于2017年年底前全面停止天然林砍伐。上游林木资源的稀缺性直接决定了原材料供给的稀缺性，拥有上游森林资源储备的人造板企业将获取关键性资源。

第二节　我国农作物秸秆利用现状分析

秸秆的种类繁多，包括水稻秸秆、小麦秸秆、豆类作物秸秆等。全世界秸秆总产量巨大，每年秸秆产量高达30万t。秸秆的科学利用方式有多种，可归纳为肥料化、饲料化、燃料化、基料化、原料化五种方式。例如，通过秸秆还田的方式可使秸秆中所含有的有机质和微量元素充分被土壤吸收，增加土壤肥力；秸秆可作为低碳燃料进行燃烧，为生产和生活提供能量，能够有效降低对环境的污染。

一、国外农作物秸秆利用现状

丹麦是国外较早将秸秆进行资源化利用的国家之一，20世纪90年代建成了世界上第一座秸秆生物燃烧发电厂。该电厂每年回收利用数十万t秸秆，对几十万用户供电、供热，秸秆燃烧后留下的草木灰作为肥料返还给当地农户。因此该电厂被誉为全球最环保、效率最高的电厂之一。与此同时，英国、荷兰等国家以秸秆为燃料，通过采用大型秸秆锅炉对燃烧秸秆所产生的能量充分利用，该部分能量主要用于供暖、发电或热电联产。日本是秸秆资源化利用国家中做得相对较好的国家之一，该国秸秆资源化利用率达到88%，其中大部分秸秆直接做还田处理，少量的加工成粗饲料用于家畜喂养，或者同牲畜粪便混合加工成肥料。此外，对于如何将秸秆有效转化为优质燃料的技术，日本仍在不断探索。

美国基本已经实现秸秆资源化利用，该国秸秆主要用于制作肥料或饲料，或者将秸秆进行碾压填充并制作成为房屋建设的原材料。美国是最早研究秸秆乙醇技术的国家之一，其中纤维素乙醇技术研究已经取得重大成果，该项技术被上升到了美国国家战略发展层面。研究发现乙醇燃料和汽油相比，温室气体减排效果明显。车辆以乙醇燃料为动力可以减少40%~60%的温室气体排放。据美国农业部统计，在美国全年的有机废物生产总量中，仅秸秆产量就占到70%左右，其中用于还田的秸秆量占秸秆总量的68%。英国利用生态方面技术将73%的秸秆进行还田处理，可见国外对于秸秆还田项目都相当重视。

二、国内农作物秸秆利用现状

早期我国秸秆利用率低，每年农作物收获季节，大量的秸秆由于没有循环利用，在农田中被直接焚烧，既造成空气污染、破坏土壤结构、降低农田质量，同时也是极大的浪费。因秸秆焚烧引起的雾霾天气、交通堵塞以及火灾事故等问题已经成了一个严重的社会问题，引起了国家各级政府部门及社会各界对秸秆资源化综合利用的高度重视。

我国政府 2008 年发布了《关于加快推进农作物秸秆综合利用的意见》要求各地区、部门采取积极有效措施推进秸秆综合利用工作的开展。各地农作物秸秆综合利用和禁烧工作取得了积极进展，秸秆露天焚烧现象明显减少，综合利用化程度不断提高；2015 年发布的《关于进一步加快推进农作物秸秆综合利用和禁烧工作的通知》也强调了要大力发展秸秆综合化利用，加大禁燃力度，落实各有关部门职责，努力促进农民增收、大力改善环境。同时提出奋斗目标，要求 2020 年年底在某些划定的区域范围内，基本摆脱秸秆就地焚烧问题。2016 年发布的《关于编制"十三五"秸秆综合利用实施方案的指导意见》要求到 2020 年秸秆基本实现资源化利用，解决秸秆废弃和焚烧带来的资源浪费和环境污染问题。在全国建立较完善的秸秆还田、收集、储存、运输社会化服务体系，基本形成布局合理、多元利用、可持续运行的综合利用格局，秸秆综合利用率达到 85% 以上。

据调查统计，2015 年全国秸秆理论资源量为 10.4 万 t，可收集资源量约为 9 万 t，利用量约为 7.2 万 t，秸秆综合利用率达到 80.1%；其中肥料化占 43.2%、饲料化占 18.8%、燃料化占 11.4%、基料化占 4.0%、原料化占 2.7%，秸秆综合利用途径不断拓宽、科技水平明显提高、综合效益快速提升。虽然秸秆综合利用工作取得积极成效，露天焚烧现象得到有效遏制，但是还面临着一些问题：一是扶持政策有待完善，在秸秆综合利用相应环节还缺少政策支持和资金投入，导致秸秆加工转化能力不强，农民和企业直接受益的不多，不利于形成完整的产业链；二是科技研发力度仍需加强，部分关键技术相对薄弱，专用设备不配套，秸秆利用投入高、产出低，一些综合利用技术还存在技术标准和规范不明确的问题；三是收储运体系不健全，目前秸秆收储运服务体系尚处于起步阶段，经纪人、合作社等服务组织力量较弱，基础设施建设跟不上，加上茬口紧、时间短，致使离田利用能力差；四是龙头企业培育不足，秸秆综合利用可推广、可持续的秸秆利用商业模式较少，龙头企业数量缺乏，带动作用明显不足，综合利用产业化发展缓慢。

综上，各企业需要尽快加强秸秆资源化利用相关技术的创新，同时政府和有关部门加强引导和支持力度，只有秸秆资源化利用形成规模化发展，我国大量的闲置秸秆才能真正有用武之地。

三、我国秸秆人造板产业发展现状与趋势分析

1. 秸秆人造板产业发展现状

利用农作物秸秆生产人造板，起源于 20 世纪初。1920 年，美国路易斯安那州的寒洛太克斯（Celotex）工厂采用蔗渣生产软质纤维板。20 世纪 40 年代末以后，以蔗渣、麻秆、棉秆等经济作物秸秆为原料的人造板厂曾先后在比利时、英国、德国、日本、北美等国家和地区有过不同程度的发展，农作物秸秆人造板技术的研究与推广受到了联合国粮农组织的极大关注和支持。20 世纪 70 年代，我国南方曾生产以蔗渣为原料的硬质纤维板。进入 80 年代后，由于林木资源短缺和生态环保的需要，我国再次掀起秸秆人造板研究与技术开发热潮。国家科技部门将秸秆复合材料列入国家 "973" 和 "863" 重大项目给予支持。中国林业科学院木材工业研究所和南京林业大学等单位多名研究人员完成了 "稻、麦秸秆人造板制造技术与产业化" 项目，该项目以水稻或小麦秸秆为原料，以不含甲醛的异氰酸酯为胶粘剂，制造环保的人造板技术，推广实现产业化。

21 世纪初，通过自主技术创新以及对国外技术的消化吸收，我国取得了秸秆人造板成套生产线的自主知识产权，可提供一定产量规模的成套生产设备，我国湖北、河北、山东、四川、上海等省市纷纷新建或改建多条秸秆人造板生产线，初步形成了秸秆人造板新兴产业，实现了秸秆人造板工业化生产，至此拉开了我国秸秆人造板工业化生产的序幕。我国秸秆人造板产业经过十几年的发展，在投入工业化生产后并至今能持续运营的秸秆人造板企业不多。如前些年先后上马的部分企业都由于受到技术、资金及市场等因素影响发生亏损，接连转型或倒闭。在我国秸秆人造板产业领域，也有产业化发展成果最为明显的企业，如万华生态板业股份有限公司推出以秸秆为原料的 "零甲醛禾香板"，利用秸秆生产人造板来代替一定比例的木材，已形成市场共识，并被市场认可。

2. 秸秆人造板产业发展趋势

根据国家林业局公布的第八次全国森林资源清查结果显示，我国现有森林面积 2.08 亿 hm^2，森林覆盖率 21.63%，森林覆盖率低于全球 31% 的平均水平，森林资源总量相对不足、质量不高、分布不均。我国是全球最大的人造板生产国，面临着产业快速发展与木材资源供给不足的矛盾，木材对外依存度接近 50%，木材安全形势严峻。森林木材资源的短缺造成人造板企业生产成本持续增加，近年来，木材原料价格暴涨，加上人造板市场不景气，导致部分人造板企业不得不关闭或转型发展。而秸秆人造板产业能有效地解决木材资源不足问题，对于我国保护森林资源，构建绿色生态环境具有重要意义。近年来，国家为支持环保产业发展，从中央到地方先后出台了一系列支持环保产业、促进循环经济发展的政策。秸秆人造板产业作为循环经济的重要组成部分，将优先享受到政策带来的红利。

农作物秸秆人造板技术的成熟为减少森林木材资源砍伐、保护生态环境提供了

新的产业发展思路，通过"以草补木"满足国家社会对人造板的需求，减少森林砍伐，保护生态环境，对生态文明体系的构建起到了积极作用。秸秆人造板家居企业通过产品创新、商业模式创新、管理机制创新等手段，谋求转型升级和高速成长，是新经济形势下行业发展的大势所趋，秸秆人造板生产在我国有着很大的发展空间。

在全球一致发展低碳经济的大环境下，采用秸秆人造板替代传统的木材人造板在家具等相关行业的应用已成为趋势，变资源消耗型为循环利用型，大幅度提升人造板材的环保性能，走可持续发展之路，打破国外绿色贸易壁垒，已成为我国人造板行业的使命。

第三节　利用农作物秸秆生产人造板项目碳减排方法学

该方法学参考和借鉴了《联合国气候变化框架公约》（UNFCCC）有关清洁发展机制下的方法学、工具、模式和程序，政府间气候变化专门委员会（IPCC）《国家温室气体清单编制指南》和《土地利用、土地利用变化与林业优良做法指南》，并结合我国人造板产业的发展现状，以保证此方法学既遵循国际规则又符合我国生产实际，具有科学性、合理性和可操作性。本方法学适用于中国温室气体自愿减排项目开发。

一、定义和适用条件

1. 定义

木质人造板是指主要以木材、木质纤维和木质碎料等为原料，用机械方法将其分解成不同的单元，经干燥、施胶、铺装、预压、热压、锯边、砂光等一系列工序加工而成的人造板材。本方法学中主要指木质中密度纤维板和木质刨花板。

秸秆人造板是指主要以农作物秸秆为原料，经切断、干燥、粉碎、施胶、铺装、预压、热压、锯边、砂光等一系列工序加工而成的人造板材。

2. 适用条件

（1）在当前利用木材作为人造板生产原料普遍实践的基础上，利用废弃农作物秸秆作为原料生产人造板的项目活动；

（2）项目生产的秸秆人造板与市场上现有的高品质木质人造板产品（如中密度纤维板或者刨花板）具有相似的特征和质量，且不要求有特殊用途或处置方法；

（3）农作物秸秆不应存放在可能导致厌氧分解并因此产生甲烷的环境中，或者储存时间不得超过1年。

二、基准线方法学

1. 项目边界

项目边界的空间范围是指新建和/或现有工厂的项目活动地点，包括农作物秸秆焚烧或弃置的地点，现场处理农作物秸秆、现场耗电、现场化石燃料消耗及产热和/

或发电的设施,以及将农作物秸秆运输至项目工厂的路径。

2. 温室气体排放源的选择

该方法学对项目边界内温室气体排放源的选择如表 6-1 所示。

表 6-1 项目边界内应包含或排除的排放源

	排放源	温室气体种类	是否包括	解释或说明
基准线排放	废弃农作物秸秆的无控燃烧或腐烂	CO_2	排除	假定多余的农作物秸秆的 CO_2 排放不会导致土地利用、土地利用变化和林业部门(LULUCF)碳库的变化
		CH_4	包括或排除	项目参与方可以决定是否包括此排放源
		N_2O	排除	为简化而排除。这是保守的
	将木材原料运输到项目场地	CO_2	排除	为简化而排除。这是保守的
		CH_4	排除	为简化而排除。这是保守的
		N_2O	排除	为简化而排除。这是保守的
	生产木质人造板使用化石燃料的排放	CO_2	排除	为简化而排除。这是保守的
		CH_4	排除	为简化而排除。这是保守的
		N_2O	排除	为简化而排除。这是保守的
	生产木质人造板耗电的排放	CO_2	包括	主要排放源
		CH_4	排除	为简化而排除。这是保守的
		N_2O	排除	为简化而排除。这是保守的
	因生产木质人造板采伐林木而导致的碳储量减少	CO_2	包括	主要排放源
		CH_4	排除	为简化而排除。这是保守的
		N_2O	排除	为简化而排除。这是保守的
项目排放	将农作物秸秆运输到项目场地	CO_2	包括	主要排放源
		CH_4	排除	为简化而排除。假定该排放源很小
		N_2O	排除	为简化而排除。假定该排放源很小
	现场使用化石燃料的排放	CO_2	包括	主要排放源
		CH_4	排除	为简化而排除。假定该排放源很小
		N_2O	排除	为简化而排除。假定该排放源很小
	现场耗电的排放	CO_2	包括	主要排放源
		CH_4	排除	为简化而排除。假定该排放源很小
		N_2O	排除	为简化而排除。假定该排放源很小

续上表

排放源		温室气体种类	是否包括	解释或说明
项目排放	农作物秸秆存储堆放的排放	CO_2	排除	假定多余的农作物秸秆的 CO_2 排放不会导致土地利用、土地利用变化和林业方面（LULUCF）碳库的变化
		CH_4	排除	为简化而排除。由于农作物秸秆存储时间不超过一年，该排放源被认为很小
		N_2O	排除	为简化而排除。假定该排放源很小

3. 基准线情景和额外性论证

应用《额外性论证与评价工具》以及我国具体生产实际提出以下程序来识别农作物秸秆生产人造板项目基准线情景并论证和评价拟议项目活动的额外性。

（1）识别符合现行法律法规的拟议项目活动替代方案

从以下两方面分别识别真实可信的替代方案：①在没有项目活动的情况下农作物秸秆的利用及处理；②在没有项目活动的情况下人造板的生产原料。

对于农作物秸秆的利用及处理基准线，应分析以下替代方案：

B1：农作物秸秆用作生产人造板的原料，但不作为自愿减排项目实施；

B2：农作物秸秆在以好氧为主的堆放或遗弃（例如囤积）的情况下腐烂；

B3：农作物秸秆在厌氧状态下堆放或遗弃（例如填埋）而腐烂；

B4：无控焚烧农作物秸秆，未利用其产生的能量；

B5：农作物秸秆用于供热和/或发电，或在其他项目中用作能源；

B6：农作物秸秆用于非能源的目的，如地面覆盖料、肥料、饲料；

B7：农作物秸秆作为其他生产工业的原料使用（例如用于纸浆和造纸工业）。

识别真实可信的农作物秸秆利用及处理的替代方案时，应遵循以下原则：①应对不同类别的农作物秸秆分别识别基准线情景；②农作物秸秆从三个方面划分类别：种类（水稻秸秆、小麦秸秆和棉秆等）、来源（来自明确的农作物秸秆生产者或从市场购买等）和自愿减排项目活动不存在时的处理方式；③采用表格来解释和记录自愿减排项目活动使用了哪类农作物秸秆，各类农作物秸秆相应的基准线情景、当地的总可获取量和总利用量以及拟议项目活动用作原料的使用量。

若废弃农作物秸秆的基准线情景确定是 B2 或 B4，项目参与方须证明这是合理可行的替代方案。为此，项目参与方应采用下列方法之一对各类别的废弃农作物秸秆逐一进行论证：

（a）证明在自愿减排项目活动所在地区存在大量未被利用的该类农作物秸秆。

要证明该地区内该类农作物秸秆的总可获得量至少比被利用（如生产能源或用作肥料、原料等，包括拟议项目工厂所需）的数量高出25%；

（b）证明在自愿减排项目活动实施前，废弃农作物秸秆在其来源地没有被收集或利用（如作为燃料、肥料或原料），而是被丢弃并腐烂或未用作能源的燃烧。使用本方法的前提是项目参与方能够清晰确定废弃农作物秸秆的来源地。

仅当项目参与方能够按照上述方法之一予以论证时，B2或B4才能作为某一类别农作物秸秆可行的基准线情景。

对于人造板生产的基准线，应分析以下替代方案：

P1：以农作物秸秆为原料生产人造板，但不作为自愿减排项目实施；

P2：现有工厂或新建工厂以木材为原料生产人造板；

P3：现有工厂或新建工厂以其他可获得的原料生产人造板。

项目活动的替代方案应符合当地农作物秸秆管理相关政策和法律法规的要求。这些政策和法律法规可能包括有关农作物秸秆露天焚烧的地方规定、将农作物秸秆用作能源的鼓励政策等（不考虑没有法律约束力的国家和地方政策）。此外，替代方案的评价应考虑当地的经济技术环境。若一个替代方案不完全符合相关地区适用的强制性法律法规，但可以验证相关的法律法规在当地没有被系统地强制执行的情况普遍存在，则可保留该替代方案。否则在该步骤排除这个替代方案。

（2）进行障碍分析，排除因面临障碍无法实施的替代方案

障碍分析进一步考虑应排除以上哪些方案（如面临限制性障碍或经济效益差的方案）。经过障碍分析，如果农作物秸秆的利用及处理和人造板生产的替代方案分别都只剩一种替代方案，那么这些替代方案即被确定为基准线情景。

如果农作物秸秆的利用及处理和人造板生产两方面均存在一个以上的真实可信的替代方案，需对它们做进一步分析。此外，项目参与方既可按照保守的原则，把基准线排放量最低的方案作为最有可能的基准线情景，也可选择进行投资分析。

（3）投资分析（可选项）

对经过上述步骤筛选后留下的农作物秸秆的利用及处理和人造板生产原料的组合替代方案进行投资分析，最具经济吸引力的组合替代方案将被视为最合理的基准线情景。

经过筛选之后，只有是以下基准线情景时才可采用该方法学：

● 农作物秸秆的基准线情景是B2和/或B4；

● 生产人造板的基准线情景是P2；

4. 基准线排放

基准线排放包括处理农作物秸秆产生的CH_4排放，在没有项目活动时现有工厂或新建工厂生产木质人造板耗电的排放，以及因生产木质人造板采伐林木而导致的碳储量减少。

基准线排放计算公式如下：

$$BE_y = BE_{CS,y} + BE_{WAB,y} + BE_{CSR,y} \qquad (6-1)$$

式中：

BE_y —— 第 y 年的基准线排放，$t\ CO_2e/a$；

$BE_{CS,y}$ —— 第 y 年农作物秸秆无控燃烧或腐烂的基准线排放，$t\ CO_2e/a$；

$BE_{WAB,y}$ —— 第 y 年生产木质人造板耗电的基准线排放，$t\ CO_2e/a$；

$BE_{CSR,y}$ —— 第 y 年因生产木质人造板采伐林木而导致的碳储量减少，$t\ CO_2e/a$。

（1）农作物秸秆无控燃烧或有氧腐烂的基准线排放（$BE_{CS,y}$）

如果利用农作物秸秆的基准线情景是农作物秸秆有氧堆放或弃置（情景 B2），或农作物秸秆非能源利用的无控燃烧（情景 B4），两种情景下的基准线排放计算均按照农作物秸秆是无控燃烧的情况处理。

该方法学可任选以下两种方法之一计算农作物秸秆无控燃烧的基准线排放：

① 根据 IPCC 2006 指南燃烧的温室气体的排放估算：

$$L_{燃烧} = A \times M_B \times C_f \times G_{ef} \times 10^{-3} \qquad (6-2)$$

式中：

$L_{燃烧}$ —— 燃烧的温室气体排放量，吨温室气体（GHG），例如 CH_4；

A —— 燃烧面积，hm^2；

M_B —— 可以燃烧的燃料质量，t/hm^2；

C_f —— 燃烧因子，无量纲（农业废弃物的默认值：小麦剩余物 0.90，其他 0.80）；

G_{ef} —— 排放因子，g（GHG）$/kg$ 干物质燃烧（农业废弃物的默认值：$2.7g\ CH_4/kg$ 干物质燃烧。

因此，农作物秸秆无控燃烧或有氧腐烂的基准线排放可按下式计算：

$$BE_{CS,B2/B4,y} = GWP_{CH_4} \times \sum_k (CS_{PJ,k,y} \times C_{f,k} \times G_{ef,CH_4,k} \times 10^{-3}) \qquad (6-3)$$

$BE_{CS,B2/B4,y}$ —— 第 y 年农作物秸秆无控燃烧或有氧腐烂的基准线排放，$t\ CO_2e/a$；

GWP_{CH_4} —— 甲烷全球温升潜势值，$t\ CO_2e/t\ CH_4$；

$CS_{PJ,k,y}$ —— 第 y 年内因项目活动实施而用于生产秸秆人造板的 k 类型农作物秸秆的数量，t（干重）；

$C_{f,k}$ 　　　　—— 燃烧因子，无量纲（农业废弃物的默认值：小麦剩余物 0.90，其他 0.80）；

$G_{ef,CH_4,k}$ 　　—— 甲烷排放因子，gCH_4/kg 农作物秸秆（干重）（农业废弃物的默认值：$2.7gCH_4/kg$ 农作物秸秆（干重）；

k 　　　　　—— 基准线情景是 B2 或 B4 时的农作物秸秆类型。

② 参考生物质废弃物热电联产项目（CM－075－V01）和纯发电厂利用生物废弃物发电（CM－092－V01）两个方法学中的计算方法：

基准线排放等于在没有项目活动的情况下，使用的农作物秸秆的数量乘以净热值和合适的排放因子，计算公式如下：

$$\mathrm{BE}_{CS,B2/B4,y} = \mathrm{GWP}_{CH_4} \times \sum_k \left(CS_{PJ,k,y} \times NCV_k \times EF_{burning,CH_4,k,y} \right) \qquad (6-4)$$

式中：

$\mathrm{BE}_{CS,B2/B4,y}$ 　—— 第 y 年农作物秸秆无控燃烧或有氧腐烂的基准线排放，$t\,CO_2e/a$；

GWP_{CH_4} 　　—— 甲烷全球温升潜势值，$t\,CO_2e/t\,CH_4$；

$CS_{PJ,k,y}$ 　　　—— 第 y 年因项目活动实施而用于生产秸秆人造板的 k 类型农作物秸秆的数量，t（干重）；

NCV_k 　　　　—— k 类型农作物秸秆的净热值，GJ/t（干重）；

$EF_{burning,CH_4,k,y}$ 　—— 第 y 年 k 类型农作物秸秆无控燃烧的甲烷排放因子，$t\,CH_4/GJ$；

k 　　　　　　—— 基准线情景是 B2 或 B4 时的农作物秸秆类型。

为确定 CH_4 的排放因子，项目参与方可以进行测量或使用默认值。如果没有更准确的信息，建议使用默认值 $0.0027\ t\,CH_4/t$ 农作物秸秆作为 NCV_k 和 $EF_{burning,CH_4,k,y}$ 的乘积（IPCC，2006）。

CH_4 排放因子的不确定性在很多情况下都比较高。为保守地估计减排量，必须为甲烷排放因子设置一个保守系数。保守系数的大小取决于估计 CH_4 排放因子时的不确定性范围。须在表 6－2 中选择适当的系数并与估计的 CH_4 排放因子相乘。例如，如果使用默认的 CH_4 排放因子 $0.0027\ t\,CH_4/t$ 农作物秸秆，那么不确定性可以被视为大于 100%，对应的保守系数为 0.73。因此，在这种情况下，应使用的排放因子 EF_{CH_4} 为 $0.001971\ t\,CH_4/t$ 农作物秸秆。

表6-2 保守系数

不确定性范围/%	设定的不确定性/%	保守系数（越小越保守）
小于或等于10	7	0.98
大于10且小于或等于30	20	0.94
大于30且小于或等于50	40	0.89
大于50且小于或等于100	75	0.82
大于100	150	0.73

（2）在没有项目活动时现有工厂或新建工厂生产木质人造板耗电的基准线排放（$BE_{WAB,y}$）

该方法学可选择以下两种方法之一计算 $BE_{WAB,y}$：

①在国家标准《刨花板工程设计规范》（GB 50827—2012）中，规定生产每立方米刨花板消耗电能指标为 160～230 kWh/m^3；在国家标准《中密度纤维板工程设计规范》（GB 50822—2012）中，规定生产每 t 中密度纤维板消耗电能指标为 280～500 kWh/t（密度范围为 450～880 kg/m^3）。根据项目活动生产的秸秆人造板所对应的人造板种类（刨花板或纤维板），本方法学按生产刨花板耗电 160 kWh/m^3（保守值），生产纤维板耗电 126 kWh/m^3（保守值），计算生产木质人造板的基准线排放。今后如果有新的相关的刨花板或纤维板工程设计规范国家标准发布实施，须按新标准计算。

②项目参与方通过对当地木质人造板厂生产耗电的调研而确定的单位产品的平均数据（需提供透明和可核实的资料证明）；或者，现有的或公开发表的适合当地的木质人造板厂生产耗电数据，如官方统计数据。

因此，根据"消耗电力的基准线、项目和/或泄漏排放计算工具"，生产木质人造板的基准线排放计算如下：

$$BE_{WAB,y} = V_{CSB,y} \times EC_{WAB,y} \times EF_{grid,CM,y} \times (1 + TDL_{BSL,y}) \qquad (6-5)$$

式中：

$BE_{WAB,y}$ —— 第 y 年生产木质人造板的基准线排放，$t\ CO_2e/a$；

$V_{CSB,y}$ —— 第 y 年项目生产的秸秆人造板数量，m^3；

$EC_{WAB,y}$ —— 生产单位数量木质人造板的耗电量，MWh/m^3；

$EF_{grid,CM,y}$ —— 第 y 年项目所在的电力系统组合边际排放因子，$t\ CO_2/MWh$；

$TDL_{BSL,y}$ —— 基准线情景下第 y 年电网损耗因子，取默认值0.03。

③因生产木质人造板采伐林木而导致的碳储量减少（$BE_{CSR,y}$）。根据该方法学

的适应条件，生产的秸秆人造板产品在特征和质量上都和市场上现有的高品质木质人造板产品相似，因此该方法学假定生产 1 m^3 秸秆人造板可以替代 1 m^3 木质人造板的使用，也就是说生产 1 m^3 秸秆人造板可以减少生产 1 m^3 木质人造板所需林木的采伐。

为简化计算，根据当前我国人造板的生产状况，该方法学作以下假定：生产1 m^3 木质刨花板需消耗原木材积 0.8 m^3，生产 1 m^3 木质纤维板需消耗原木材积 1.1 m^3（浙江省林业局，2002）。该方法学计算 $BE_{CSR,y}$ 只考虑使用原木材作生产原料的部分，而不考虑"三剩物"（采伐剩余物、造材剩余物、加工剩余物）等其他因素。

根据政府间气候变化专门委员会《土地利用、土地利用变化和林业优良做法指南》（IPCC，2003），该方法学选取木质人造板的使用寿命 LT_{WAB} 为 20 年。参考已备案的碳汇造林项目方法学（AR - CM - 001 - V01）中章节 5.8.6 部分，该方法学假定木质人造板在生产后 30 年内其碳储量的长期变化等同于在生产木质人造板时其中的碳立即排放。如果生产人造板最合理的基准线情景是以木材为原料生产人造板，可以认为所用木材原料中来源于采伐林木的原木材部分的碳储量就被释放，导致了林木碳储量减少。项目参与方可根据目前当地的木质人造板生产中所利用的主要林木种类和数量，项目工厂生产的秸秆人造板数量等推算出因生产木质人造板采伐林木而导致的碳储量的减少量。

$BE_{CSR,y}$ 的推算步骤如下：

$$BE_{CSR,y} = \sum_j C_{BSL,j,y} \qquad (6-6)$$

式中：

$BE_{CSR,y}$ —— 基准线情景下第 y 年因生产木质人造板采伐林木而导致的碳储量的减少量，t CO_2e/a；

$C_{BSL,j,y}$ —— 基准线情景下第 y 年采伐的树种（组）j 的生物质碳储量，t CO_2e；

j —— 1，2，3，…，采伐的林木种类；

y —— 1，2，3，…，自项目开始运行以来的年数。

林木生物质碳储量是利用林木生物量含碳率将林木生物量转化为碳含量，再利用 CO_2 与 C 的相对分子质量（44/12）之比将碳含量（t C）转换为二氧化碳当量（t CO_2e），则：

$$C_{BSL,j,y} = \frac{44}{12} \times B_{BSL,j,y} \times CF_{BSL,j} \qquad (6-7)$$

式中：

$C_{BSL,j,y}$ —— 基准线情景下第 y 年采伐的树种（组）j 的生物质碳储量，t CO_2e；

$B_{\mathrm{BSL},j,y}$ —— 基准线情景下第 y 年采伐的树种（组）j 的林木生物量，t（干重）；

$\mathrm{CF}_{\mathrm{BSL},j}$ —— 树种（组）j 的生物量中的含碳率；t C（t 干重）$^{-1}$；

$44/12$ —— CO_2 与 C 的相对分子质量之比。

利用基本木材密度（D）和生物量扩展因子（BEF）将基准线情景下采伐的林木材积转化为林木地上生物量；再利用地下生物量/地上生物量的比值（R）将地上生物量转化为林木生物量：

$$B_{\mathrm{BSL},j,y} = V_{\mathrm{BSL},j,y} \times D_{\mathrm{BSL},j} \times \mathrm{BEF}_{\mathrm{BSL},j} \times (1 + R_{\mathrm{BSL},j}) \qquad (6-8)$$

式中：

$B_{\mathrm{BSL},j,y}$ —— 基准线情景下第 y 年采伐的树种（组）j 的林木生物量，t（干重）；

$V_{\mathrm{BSL},j,y}$ —— 基准线情景下第 y 年采伐的树种（组）j 的材积量，m^3；

$D_{\mathrm{BSL},j}$ —— 树种（组）j 的基本木材密度，t（干重）/m^3；

$\mathrm{BEF}_{\mathrm{BSL},j}$ —— 树种（组）j 的生物量扩展因子，用于将树干材积转化为林木地上生物量，无量纲；

$R_{\mathrm{BSL},j}$ —— 树种（组）j 的地下生物量/地上生物量之比，无量纲。

利用项目工厂生产的秸秆人造板数量，生产单位体积的木质人造板消耗的原木材积和当地生产人造板使用的各主要树种（组）材积百分比计算 $V_{\mathrm{BSL},j,y}$：

$$V_{\mathrm{BSL},j,y} = V_{\mathrm{CSB},y} \times \mathrm{RC}_{\mathrm{WB}} \times P_{j,t} \qquad (6-9)$$

式中：

$V_{\mathrm{BSL},j,y}$ —— 基准线情景下第 y 年采伐的树种（组）j 的材积量，m^3；

$V_{\mathrm{CSB},y}$ —— 第 y 年项目生产的秸秆人造板数量，m^3；

$\mathrm{RC}_{\mathrm{WB}}$ —— 生产单位体积的木质人造板消耗的原木材积（m^3 原木材/m^3 木质人造板），刨花板默认值取 0.8，纤维板默认值取 1.1；

$P_{j,y}$ —— 基准线情景下第 y 年生产人造板使用的主要树种（组）j 数量占人造板生产所用木材原料总量的材积百分比（%）。

5. 项目排放

项目排放按如下计算：

$$\mathrm{PE}_y = \mathrm{PE}_{\mathrm{FC},y} + \mathrm{PE}_{\mathrm{EC},y} + \mathrm{PE}_{\mathrm{TR},y} \qquad (6-10)$$

式中：

PE_y　　——　第 y 年项目排放，t CO_2e/a；

$PE_{FC,y}$　　——　第 y 年项目活动消耗化石燃料产生的项目排放，t CO_2e/a；

$PE_{EC,y}$　　——　第 y 年项目活动耗电产生的项目排放，t CO_2e/a；

$PE_{TR,y}$　　——　第 y 年将农作物秸秆运送到工厂所产生的项目排放，t CO_2e/a。

（1）项目活动燃烧化石燃料产生的项目排放（$PE_{FC,y}$）

根据"化石燃料燃烧导致的项目或泄漏二氧化碳排放计算工具"计算燃烧化石燃料产生的项目排放（$PE_{FC,y}$）。此排放应包括为进行项目活动的所有燃烧化石燃料过程，以及为进行项目活动而在现场的其他任何燃料燃烧过程。计算如下：

$$PE_{FC,y} = \sum_i FC_{i,y} \times NCV_{i,y} \times EF_{FC,i,y} \qquad (6-11)$$

式中：

$PE_{FC,y}$　　——　第 y 年项目燃烧化石燃料产生的项目排放，t CO_2e/a；

$FC_{i,y}$　　——　第 y 年项目燃烧的化石燃料的量（质量或体积单位）；

$NCV_{i,y}$　　——　化石燃料 i 的净热值（GJ/质量或体积单位）；

$EF_{FC,i,y}$　　——　化石燃料 i 的排放因子，t CO_2e/GJ。

（2）项目活动耗电产生的项目排放（$PE_{EC,y}$）

根据"消耗电力的基准线、项目和/或泄漏排放计算工具"计算耗电产生的项目排放（$PE_{EC,y}$）。项目活动的耗电包括项目工厂的耗电和项目场地内外处理农作物秸秆的耗电。计算如下：

$$PE_{EC,y} = EC_{PJ,y} \times EF_{grid,CM,y} \times (1 + TDL_{PJ,y}) \qquad (6-12)$$

式中：

$PE_{EC,y}$　　——　第 y 年生产秸秆人造板耗电产生的项目排放，t CO_2e/a；

$EC_{PJ,y}$　　——　第 y 年生产秸秆人造板的耗电量，MWh；

$EF_{grid,CM,y}$　　——　第 y 年项目所在的电力系统组合边际排放因子，t CO_2/MWh；

$TDL_{PJ,y}$　　——　第 y 年电网损耗因子（取默认值 0.2）。

（3）将农作物秸秆运送到工厂所产生的项目排放（$PE_{TR,y}$）

如果农作物秸秆不是项目场地直接产生的，项目参与方则应确定将农作物秸秆运输到项目工厂所产生的二氧化碳排放。

根据"公路货运导致的项目和泄漏排放计算工具",项目参与方可以在两个不同的方法之间做出选择来确定排放:基于距离和车辆类型的方法(选项1)或基于燃料消耗的方法(选项2)。

选项1:

根据距离和运输次数(或平均载荷)计算排放:

$$PE_{TR,y} = N_{AW,y} \times AVD_{AW,y} \times EF_{km,y} \tag{6-13}$$

或

$$PE_{TR,y} = \frac{\sum\limits_{k} CS_{k,y}}{TL_{AW,y}} \times AVD_{AW,y} \times EF_{km,y} \tag{6-14}$$

式中:

$PE_{TR,y}$ —— 第 y 年将农作物秸秆运送到工厂所产生的项目排放, $t\ CO_2e/a$;

$N_{AW,y}$ —— 第 y 年运输农作物秸秆的往返次数;

$AVD_{AW,y}$ —— 第 y 年提供农作物秸秆的场地和项目活动场地之间的平均往返距离, km;

$EF_{km,y}$ —— 第 y 年货车平均二氧化碳排放因子, $t\ CO_2/km$;

$CS_{k,y}$ —— 第 y 年作为原料使用的类别 k 的农作物秸秆数量;

$TL_{AW,y}$ —— 所用货车的平均载荷, t。

选项2:

根据运输农作物秸秆(包括用于发电的农作物秸秆)实际消耗的化石燃料量计算排放:

$$PE_{TR,y} = \sum\limits_{i} (FC_{TR,i,y} \times NCV_{i,y} \times EF_{FC,i,y}) \tag{6-15}$$

式中:

$PE_{TR,y}$ —— 第 y 年将农作物秸秆运送到工厂所产生的项目排放, $t\ CO_2e/a$;

$FC_{TR,i,y}$ —— 第 y 年货车运输农作物秸秆的燃料消耗(质量或体积);

$NCV_{i,y}$ —— 化石燃料 i 的净热值(GJ/质量或体积单位);

$EF_{FC,i,y}$ —— 化石燃料 i 的排放因子, $t\ CO_2e/GJ$。

6. 泄漏

自愿减排项目活动主要的潜在泄漏源是增加化石燃料燃烧的排放或由于项目活动的需要将原本其他用途的农作物秸秆转移至项目活动所产生的排放。由于适用该方法学的项目活动仅限于使用废弃农作物秸秆，因此认为农作物秸秆导致的土地利用、土地利用变化和林业部门的碳储量变化是不明显的。

能够采用该方法学的项目活动的基准线情景是农作物秸秆被无控焚烧或被丢弃腐烂。因此，项目参与方应评估并监测项目工厂所用的各类农作物秸秆的供应现状。可以用以下方法来论证工厂所用的各类农作物秸秆不会导致其他地方增加化石燃料的消耗量或产生其他泄漏，即：

证明在自愿减排项目活动项目边界内，该类农作物秸秆的总可获得量至少比被利用（如生产能源或用作肥料、原料等，包括拟议项目工厂所需）的数量多25%。

如果项目参与方不能用上述方法证明所使用的某类废弃农作物秸秆不会造成泄漏，则项目参与方须接受相应的泄漏处理。泄漏处理旨在采用保守的方法调整受泄漏影响的减排量，即假设该类农作物秸秆是被拟议项目活动所在地碳强度最高的燃料所取代。也就是说，如果拟议项目活动所使用的 k 类农作物秸秆不能用上述的方法得出泄漏的影响，则可按如下公式计算第 y 年的泄漏排放：

$$LE_y = EF_{CO_2,CI} \times \sum_k (CS_{k,y} \times NCV_k) \qquad (6-16)$$

式中：

LE_y —— 第 y 年的泄漏排放量，$t\ CO_2e/a$；

$EF_{CO_2,CI}$ —— 国内碳强度最高的燃料的 CO_2 排放因子，$t\ CO_2e/GJ$；

$CS_{k,y}$ —— 第 y 年项目工厂用作原料的 k 类农作物秸秆数量，t（干重）；

k —— 不能用上述方法得出泄漏影响的农作物秸秆类型；

NCV_k —— k 类农作物秸秆的净热值，GJ/t（干重）。

7. 减排量

按如下方法计算减排量：

$$ER_y = BE_y - PE_y - LE_y \qquad (6-17)$$

式中：

ER_y —— 第 y 年减排量，$t\ CO_2/a$；

BE_y —— 第 y 年基准线排放量，$t\ CO_2/a$；

PE_y —— 第 y 年项目排放量，$t\ CO_2/a$；

LE_y —— 第 y 年泄漏排放量，$t\ CO_2/a$。

8. 不需要监测的数据和参数

不需要监测的数据和参数，是指可以直接采用默认值或只需一次性测定即可适用于该方法学的数据和参数。

数据/参数	GWP_{CH_4}
数据单位	t CO_2e/t CH_4
描述	甲烷全球变暖潜势
数据来源	IPCC 国家温室气体排放清单指南（2006）
测量步骤	方法学采用的值为 25，根据以后 COP/MOP 的决议进行更新
说明	—

数据/参数	$C_{f,k}$
数据单位	—
描述	k 类别农作物秸秆的燃烧因子（烧除后农作物秸秆的消耗量与燃烧前数量的比值）
数据来源	IPCC 2006 指南
测量步骤	IPCC 2006 指南，第四卷第二章，表 2.6，农业废弃物默认值——小麦剩余物：0.90，其他：0.80
说明	用于本方法学中的公式（3）

数据/参数	$G_{ef,CH_4,k}$
数据单位	g CH_4/kg 农作物秸秆（干重）
描述	甲烷排放因子
数据来源	IPCC 2006 指南
测量步骤	IPCC 2006 指南，第四卷第二章，表2.5，农业废弃物默认值：2.7 g CH_4/kg 农作物秸秆（干重）
说明	用于本方法学中的公式（3）

数据/参数	EF_{CH_4}
数据单位	t CH_4/t 农作物秸秆（干重）
描述	农作物秸秆在无控燃烧下的 CH_4 排放因子
数据来源	IPCC 2006 指南
测量步骤	使用默认值 0.001971 t CH_4/t 农作物秸秆（干重）
说明	用于本方法学中的公式（4）

数据/参数	$EC_{WAB,y}$
数据单位	MWh/m³

数据/参数	$EC_{WAB,y}$
描述	生产单位体积的木质人造板消耗的电量
数据来源	（1）根据《刨花板工程设计规范》（GB 50827—2012）和《中密度纤维板工程设计规范》（GB 50822—2012）取保守值，刨花板默认值取 0.160，纤维板默认值取 0.126； （2）项目参与方通过对当地木质人造板厂生产耗电的调研而确定的单位产品的平均数据（需提供透明和可核实的资料证明）；现有的或公开发表的适合当地木质人造板厂的生产耗电数据，如官方统计数据
测量步骤	—
说明	—

数据/参数	RC_{WB}
数据单位	m^3（原木材）/m^3（木质人造板）
描述	生产单位体积的木质人造板消耗的原木材积，刨花板默认值取 0.8，纤维板默认值取 1.1
数据来源	浙江省林业局发布的《浙江省人造板耗材折率标准》（2002）
测量步骤	—
说明	—

数据/参数	树种（组）
数据单位	—
描述	基准线情景下第 y 年生产人造板使用的主要树种（组）
数据来源	数据源优先顺序： （a）项目参与方对当地人造板厂所使用木材原料的调研数据（需提供透明和可核实的资料证明）； （b）现有的或公开发表的数据，如官方统计数据《中国林业统计年鉴》《中国林业产业与林产品年鉴》
测量步骤	—
说明	—

数据/参数	$P_{j,y}$
数据单位	%
描述	基准线情景下第 y 年生产人造板使用的树种（组）j 数量占人造板生产木材原料总量的材积百分比

续上表

数据/参数	$P_{j,y}$
数据来源	数据源优先顺序： （a）项目参与方对当地人造板厂所使用木材原料的调研数据（需提供透明和可核实的资料证明）； （b）现有的或公开发表的数据，如官方统计数据《中国林业统计年鉴》《中国林业产业与林产品年鉴》等
测量步骤	—
说明 ·	—

数据/参数	$CF_{TREE\_BSL,j}$
数据单位	t C/t（干重）
描述	基准线情景下用于生产木质人造板的树种（组）j 生物量中的含碳率，用于将生物量转换成碳含量
数据来源	数据源优先顺序： （a）项目参与方测定的当地相关树种（组）的参数（需提供透明和可核实的资料来证明）； （b）现有的、公开发表的、当地的或相似生态条件下的数据； （c）省级的数据（如省级温室气体清单）； （d）国家级的数据（如国家温室气体清单），见下表：

中国生产非单板型木质人造板所用的

主要树种（组）生物量含碳率（CF）参考值

单位：t C/t（干重）

树种（组）	CF	树种（组）	CF	树种（组）	CF
桉树	0.525	楝树	0.485	柳杉	0.524
檫木	0.485	柳树	0.485	相思	0.485
落叶松	0.521	杨树	0.496	赤松	0.515
马尾松	0.460	木荷	0.497	枫香	0.497
木麻黄	0.498	高山松	0.501	榆树	0.497
泡桐	0.470	云南松	0.511	黑松	0.515
华山松	0.523	桦木	0.491	杉木	0.520
樟子松	0.522	火炬松	0.511	湿地松	0.511
冷杉	0.500	水杉	0.501	思茅松	0.522
杂木	0.483	硬阔类	0.497	软阔类	0.485

来源：《中华人民共和国气候变化第二次国家信息通报》"土地利用变化与林业温室气体清单"（2013）

数据/参数	$CF_{TREE\_BSL,j}$
测量步骤	采用国家森林资源调查使用的标准操作规程（SOPs）。如果没有，可采用公开出版的相关技术手册或 IPCC GPG LULUCF 2003 中说明的 SOPs 程序
说明	根据具体项目情况，按当地生产人造板所使用的树种（组）数量所占比例计算加权平均值

数据/参数	R_{TREE_j}
数据单位	无量纲
描述	树种（组）j 的地下生物量/地上生物量的比值，用于将树干生物量转换全木生物量
数据来源	数据源优先顺序： （a）项目参与方测定的当地相关树种（组）的参数（需提供透明和可核实的资料来证明）； （b）现有的、公开发表的、当地的或相似生态条件下的数据； （c）省级的数据（如省级温室气体清单）； （d）国家级的数据（如国家温室气体清单），见下表：

中国生产非单板型木质人造板所用的主要树种（组）

地下生物量/地上生物量比值（R）参考值

树种（组）	R	树种（组）	R	树种（组）	R
桉树	0.221	楝树	0.289	柳杉	0.267
檫木	0.270	柳树	0.288	相思	0.207
落叶松	0.212	杨树	0.227	赤松	0.236
马尾松	0.187	木荷	0.258	枫香	0.398
木麻黄	0.213	高山松	0.235	榆树	0.621
泡桐	0.247	云南松	0.146	黑松	0.280
华山松	0.170	桦木	0.248	杉木	0.246
樟子松	0.241	火炬松	0.206	湿地松	0.264
冷杉	0.174	水杉	0.319	思茅松	0.145
杂木	0.289	硬阔类	0.261	软阔类	0.289

来源：《中华人民共和国气候变化第二次国家信息通报》"土地利用变化与林业温室气体清单"（2013）

测量步骤	采用国家森林资源调查使用的标准操作规程（SOPs）。如果没有，可采用公开出版的相关技术手册或 IPCC GPG LULUCF 2003 中说明的 SOPs 程序
说明	根据具体项目情况，按当地生产人造板所使用的树种（组）数量所占比例计算加权平均值

续上表

数据/参数	$D_{TREE,j}$
数据单位	t（干基）/m³
描述	树种（组）j 的基本木材密度，用于将树干材积转换为树干生物量
数据来源	数据源优先顺序： （a）项目参与方测定的当地相关树种（组）的参数（需提供透明和可核实的资料来证明）； （b）现有的、公开发表的、当地的或相似生态条件下的数据； （c）省级的数据（如省级温室气体清单）； （d）国家级的数据（如国家温室气体清单），见下表： **中国生产非单板型木质人造板所用的** **树种（组）基本木材密度（D）参考值** 单位：t（干重）·m⁻³ 中国生产非单板型木质人造板所用的树种（组）基本木材密度参考值表

树种（组）	D	树种（组）	D	树种（组）	D
桉树	0.578	楝树	0.443	柳杉	0.294
檫木	0.477	柳树	0.443	相思	0.443
落叶松	0.490	杨树	0.378	赤松	0.414
马尾松	0.380	木荷	0.598	枫香	0.598
木麻黄	0.443	高山松	0.413	榆树	0.598
泡桐	0.443	云南松	0.483	黑松	0.493
华山松	0.396	桦木	0.541	杉木	0.307
樟子松	0.375	火炬松	0.424	湿地松	0.424
冷杉	0.366	水杉	0.278	思茅松	0.454
杂木	0.515	硬阔类	0.598	软阔类	0.443

来源：《中华人民共和国气候变化第二次国家信息通报》"土地利用变化与林业温室气体清单"（2013）

测量步骤	采用国家森林资源调查使用的标准操作规程（SOPs）。如果没有，可采用公开出版的相关技术手册或 IPCC GPG LULUCF 2003 中说明的 SOPs 程序
说明	根据具体项目情况，按当地生产人造板所使用的树种（组）数量所占比例计算加权平均值

数据/参数	$BEF_{TREE,j}$
数据单位	无量纲
描述	树种（组）j 的生物量扩展因子，用于将树干生物量转换为地上生物量

续上表

数据/参数	$BEF_{TREE,j}$
数据来源	数据源优先顺序： （a）项目参与方测定的当地相关树种（组）的参数（需提供透明和可核实的资料来证明）； （b）现有的、公开发表的、当地的或相似生态条件下的数据； （c）省级的数据（如省级温室气体清单）； （d）国家级的数据（如国家温室气体清单），见下表： （见下表） 来源：《中华人民共和国气候变化第二次国家信息通报》"土地利用变化与林业温室气体清单"（2013）
测量步骤	采用国家森林资源调查使用的标准操作规程（SOPs）。如果没有，可采用公开出版的相关技术手册或 IPCC GPG LULUCF 2003 中说明的 SOPs 程序
说明	根据具体项目情况，按当地生产人造板所使用的树种（组）数量所占比例计算加权平均值

中国生产非单板型木质人造板所用的树种（组）生物量扩展因子（BEF）参考值

树种（组）	D	树种（组）	D	树种（组）	D
桉树	1.263	楝树	1.586	柳杉	2.593
檫木	1.483	柳树	1.821	相思	1.479
落叶松	1.416	杨树	1.446	赤松	1.425
马尾松	1.472	木荷	1.894	枫香	1.765
木麻黄	1.505	高山松	1.651	榆树	1.671
泡桐	1.833	云南松	1.619	黑松	1.551
华山松	1.785	桦木	1.424	杉木	1.634
樟子松	2.513	火炬松	1.631	湿地松	1.614
冷杉	1.316	水杉	1.506	思茅松	1.304
杂木	1.586	硬阔类	1.674	软阔类	1.586

数据/参数	LT_{WAB}
数据单位	年
描述	木质人造板的使用寿命
数据来源	IPCC LULUCF 优良做法指南，默认值为 20 年
测量步骤	不适用
说明	—

三、监测方法学

1. 一般监测规则

监测包括基准线情景和项目情景下农作物秸秆处理和利用情况的年度评估，拟议项目活动下用作原料的农作物秸秆数量、生产的秸秆人造板数量等。

在 PDD 中说明所有的监测步骤，包括所用的测量仪器类型、监测的责任及将采用的 QA/QC 步骤。如果有不同的方法（如采用默认值或现场测量值），则说明要使用哪种方法。应根据设备生产商的说明并按照国家标准安装、维护并校准设备。除了此处列出的参数和程序，也要满足该方法学涉及的工具中关于参数监测的相关要求。

2. 需要监测的数据和参数

数据/参数	自愿减排项目活动使用的农作物秸秆类别
数据单位	——种类：水稻秸秆、小麦秸秆等； ——来源：来自明确的农作物秸秆生产者或市场购买； ——没有自愿减排项目活动的情况下的处理方式
描述	在 PDD 中采用一个表格来解释和记录自愿减排项目活动使用了哪类农作物秸秆和来源，各类农作物秸秆相应的基准线情景。自愿减排项目活动在计入期内可以使用新类别的农作物秸秆（即新种类、新来源、不同的处理方式）并要添加到表格中
数据来源	—
测量步骤	—
监测频率	—
QA/QC 步骤	—
说明	—

数据/参数	$Q_{k,y}$
数据单位	t
描述	第 y 年在指定区域内 k 类别农作物秸秆的总可获得量
数据来源	调查或统计
测量步骤	—
监测频率	每年一次
QA/QC 步骤	对比前一年的数据，并确定方法和数据的可比性
说明	—

续上表

数据/参数	$Q_{used,k,y}$
数据单位	t
描述	第 y 年在指定区域内已利用的 k 类别农作物秸秆的数量（用于生产能源或用作原料等），即总利用量
数据来源	调查或统计
测量步骤	—
监测频率	每年一次
QA/QC 步骤	对比前一年的数据，并确定方法和数据的可比性
说明	—

数据/参数	$Q_{unused,k,y}$
数据单位	t
描述	第 y 年在指定区域内 k 类别未利用的废弃农作物秸秆的可获得量
数据来源	调查或统计
测量步骤	—
监测频率	每年一次
QA/QC 步骤	对比前一年的数据，并确定方法和数据的可比性
说明	此参数的监测是用于确定无须考虑泄漏的方法 L1

数据/参数	$CS_{k,y}$
数据单位	t（干重）
描述	第 y 年作为原料使用的类别 k 的农作物秸秆数量
数据来源	现场测量
测量步骤	使用秤重仪器。根据湿度计算农作物秸秆干重
监测频率	对数据进行连续监测和适当统计以便计算减排量
QA/QC 步骤	通过基于购买数量和库存数量的年度质量平衡对测量值进行交叉核对，以及购买数量和购买发票（如果有）的交叉核对
说明	—

数据/参数	农作物秸秆的含水率
数据单位	—
描述	各类农作物秸秆的含水率
数据来源	现场测量

数据/参数	农作物秸秆的含水率
测量步骤	—
监测频率	每批同质的农作物秸秆都应监测其含水率。各监测周期计算加权平均数，且用于计算中
QA/QC 步骤	—
说明	若为干基重量，则不必监测此参数。

数据/参数	$V_{CSB,y}$
数据单位	m^3
描述	第 y 年项目生产的秸秆人造板数量
数据来源	现场测量
测量步骤	使用测体积仪器
监测频率	对数据进行连续监测和适当统计以便计算减排量
QA/QC 步骤	通过基于销售数量和库存数量的年度质量平衡对测量值进行交叉核对，以及生产的秸秆人造板数量和销售发票的交叉验证
说明	—

数据/参数	$FC_{i,y}$
数据单位	t
描述	第 y 年项目现场消耗的类型 i 的化石燃料量
数据来源	现场测量或燃料采购数据
测量步骤	称重测量。项目现场消耗的任何种类的化石燃料监测和记录
监测频率	连续测量
QA/QC 步骤	测得的消耗燃料数据通过采购发票交叉核对
说明	—

数据/参数	$EF_{FC,i,y}$
数据单位	$t\ CO_2/GJ$
描述	第 y 年类型 i 的化石燃料的 CO_2 排放因子
数据来源	数据来源为（按优先顺序排列）：项目特定数据、国家特定数据、IPCC 默认值
测量步骤	—
监测频率	每年一次或事前测量
QA/QC 步骤	—
说明	—

续上表

数据/参数	$EC_{PJ,grid,y}$
数据单位	MWh
描述	第 y 年项目消耗的来自电网的电量
数据来源	现场测量
测量步骤	使用经校准的电表
监测频率	持续测量
QA/QC 步骤	根据购电发票交叉核对测量结果
说明	—

数据/参数	$N_{AW,y}$
数据单位	次数
描述	第 y 年运输农作物秸秆的往返次数
数据来源	现场计量
测量步骤	—
监测频率	每次计量
QA/QC 步骤	检查货车装载用于秸秆纤维板所用的农作物秸秆量与往返次数的一致性
说明	项目参与方监测此参数或平均货车载荷 $TL_{AW,y}$

数据/参数	$TL_{AW,y}$
数据单位	t
描述	运输农作物秸秆所用货车的平均载荷
数据来源	现场测量
测量步骤	确定将农作物秸秆运往项目工厂的货车平均重量
监测频率	每次测量，每年合计求平均值
QA/QC 步骤	—
说明	项目参与方监测货车运行的次数 $N_{AW,y}$ 或本参数

数据/参数	$AVD_{AW,y}$
数据单位	km
描述	第 y 年农作物秸秆供应场地和项目工厂之间的平均往返距离
数据来源	项目参与方关于农作物秸秆的原始记录
测量步骤	—

数据/参数	$AVD_{AW,y}$
监测频率	每次测量，每年合计
QA/QC 步骤	通过对比记录的距离和其他信息来源（如地图），检验货车司机提供的距离记录的一致性
说明	如果农作物秸秆来自不同的场地，则此参数应符合货车将农作物秸秆从供应点运到项目工厂的公里数的平均值

数据/参数	$FC_{TR,i,y}$
数据单位	质量或体积单位
描述	第 y 年货车运输农作物秸秆的燃料消耗量
数据来源	燃料采购收据或货车的油耗表
测量步骤	—
监测频率	每年合计
QA/QC 步骤	根据上述的距离方法（选项 1）进行简单的计算，以交叉检验燃料消耗量的合理性
说明	如果选择"选项 2"估算运输中排放的 CO_2，则只需监测此参数

数据/参数	$EF_{km,CO_2,y}$
数据单位	$t\ CO_2/km$
描述	第 y 年货车每公里的平均 CO_2 排放因子
数据来源	简单测量所有货车的燃料类型、燃料消耗量及运输距离。与合适的净热值和 CO_2 排放因子相乘，计算出消耗燃料的 CO_2 排放量。净热值和 CO_2 排放因子需采用可靠的国家默认值，如果没有国家默认值，则采用 IPCC 默认值。或者，用保守的方法（如选取合理范围内的较高数值）从文献中选择适用于所用货车类型的排放因子
测量步骤	—
监测频率	至少每年一次
QA/QC 步骤	参照文献中的排放因子交叉检验测量结果
说明	—

数据/参数	$EF_{CO_2,CI}$
数据单位	$t\ CO_2/GJ$

数据/参数	$EF_{CO_2, CI}$
描述	国内使用的碳强度最高的燃料的 CO_2 排放因子
数据来源	从国家信息通报等文献来源（如 IEA）中确定碳强度最高的燃料类型。如果可获得，则使用 CO_2 排放因子的国家默认值。否则可使用 IPCC 默认值
测量步骤	—
监测频率	每年一次
QA/QC 步骤	—
说明	—

第四节　农作物秸秆生产人造板项目碳减排方法学应用

本节以万华生态板业（信阳）有限公司年产 5 万 m^3 农作物秸秆板项目为例，分析该项目应用农作物秸秆生产人造板项目碳减排方法学的适用性，识别和确认项目的基准线情景，计算出项目的减排量等。

一、项目概述

该项目位于河南省信阳市平桥区工业城万华生态园内，地理位置为东经 114°11′14″，北纬 32°09′09″，由万华生态板业（信阳）有限公司投资建设和运营，建设年产 5 万 m^3 秸秆人造板生产线，采用拥有国家级专利的高新工艺技术，年消耗水稻秸秆 6 万 t（湿重，含水率≤15%）。

项目一方面通过减少农作物秸秆的丢弃腐烂减少温室气体的排放；另一方面以农作物秸秆替代木材生产人造板，可以减少林木的采伐，增加碳储量，具有良好的环境效益，并将从以下方面促进当地社会与经济的可持续发展：

（1）与以木材为原料生产人造板的项目相比，项目的实施将减少 CO_2 以及其他大气污染物的排放，减少林木的采伐，对保护森林起到一定的作用；

（2）促进秸秆人造板产业的发展，满足国内需求，实现林木资源的可持续发展；

（3）项目在日常运行和维护中可以提供就业机会，同时农作物秸秆的收集、储存和运输也可以创造一定的就业机会；

（4）项目的实施可改善农村经济结构，增加农民收入，有助于解决"三农"问题；

（5）项目秸秆人造板的生产采用了不含甲醛的异氰酸酯（MDI）生态胶粘剂，秸秆人造板无甲醛释放，是绿色生态产品，可以改善室内家居环境。

通过农作物秸秆源附近的收购站收集秸秆后用货运车辆运输到项目工厂内的秸

秆仓库，秸秆的处理和储存都在项目工厂内进行。该项目主要生产车间为秸秆板车间，其生产过程分为备料工段、干燥工段、施胶工段、成型热压工段、锯边冷却工段以及砂光工段。

二、方法学适用性分析

该项目是新建以农作物秸秆作为原料的人造板厂项目，所使用的农作物秸秆来自项目地点的附近区域，并且满足"农作物秸秆生产人造板项目碳减排方法学"的适用条件（表6-3）。

表6-3 方法学适用性分析表

序号	适用条件	理 由
1	本方法学适用于在当前利用木材作为人造板生产原料普遍实践的基础上，利用农作物秸秆作为原料生产人造板的项目活动	本项目是利用废弃的水稻秸秆作为原料生产人造板的项目活动
2	项目生产的秸秆人造板与市场上现有的高品质木质人造板产品（如中密度纤维板、刨花板等）具有相似的特征和质量，且不要求有特殊用途或处置方法	本项目生产的秸秆人造板符合中密度纤维板国家标准（GB/T 11718—2009），且没有特殊用途或处置方法
3	农作物秸秆不应存放在可能导致厌氧分解并因此产生甲烷的环境中，或者储存时间不超过1年	本项目所用的农作物秸秆存放于工厂的秸秆仓库中，储存时间最多为6个月，不超过1年

三、项目边界和基准线情景识别

该项目边界的空间范围包括新建秸秆人造板厂的项目活动地点，包括农作物秸秆焚烧或弃置的地点，现场处理农作物秸秆、现场耗电、现场消耗化石燃料的设施，以及将农作物秸秆运输至项目工厂的路径（图6-4）。

根据项目实际情况，对农作物秸秆基准线情景替代方案和生产人造板基准线情景替代方案进行详细分析（表6-4，表6-5）

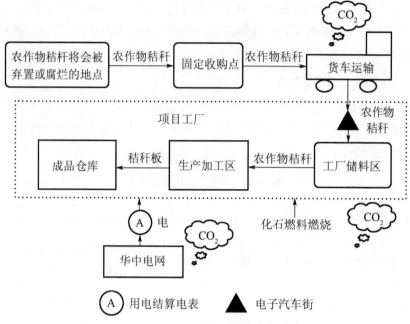

图 6 - 4 项目边界图

表 6 - 4 农作物秸秆基准线情景替代方案分析表

选项	替代方案	是否可行	理由
B1	将农作物秸秆用作生产人造板的原料，但不作为自愿减排项目实施	可行	该情景是可行的替代方案
B2	农作物秸秆在以好氧为主的堆放或遗弃（例如囤积）的情况下腐烂	可行	这种情况在项目活动不存在的情况下是普遍存在的
B3	农作物秸秆在厌氧状态下堆放或遗弃（例如填埋）而腐烂	不可行	项目现场附近没有可供农作物秸秆厌氧腐烂的场所
B4	无控焚烧农作物秸秆，未利用其产生的能量	可行	这种情况在项目活动不存在的情况下是普遍存在的
B5	将农作物秸秆用于供热和/或发电，或在其他项目中用作能源	不可行	在项目活动附近没有使用农作物秸秆为燃料的电厂或热电厂。考虑到农作物秸秆的收集、运输和保存成本，本项目所利用的废弃农作物秸秆不会用在项目附近的其他已有电厂或热电厂
B6	将农作物秸秆用于非能源的目的，如地面覆盖料、肥料	不可行	在没有本项目时，废弃农作物秸秆大多被丢弃或焚烧，而不会用于非能源的目的
B7	将农作物秸秆作为其他生产工业的原料使用	不可行	在项目活动附近没有利用农作物秸秆作为原料的纸浆和造纸厂等

表6-5　生产人造板基准线情景替代方案分析表

选项	替代方案	是否可行	理　　由
P1	拟议的本项目活动，但不作为自愿减排项目实施	可行	该情景是可行的替代方案
P2	现有工厂或新建工厂以木材为原料生产人造板	可行	这是现阶段普遍施行的做法，该情景是可行的替代方案
P3	现有工厂或新建工厂以其他可获得的原料生产人造板	不可行	除使用木质原料外，在项目活动地点附近没有使用其他原料的人造板厂

根据《农业部办公厅关于进一步加强秸秆综合利用禁止秸秆焚烧的紧急通知》（农办机〔2007〕20号），农作物秸秆非能源用途的无控燃烧是被禁止的。因此替代情景B4不符合适用的法律法规。其他方案均符合法律法规，且法律并没有对其作出强制性要求。综上所述，本项目农作物秸秆利用与处理的替代方案为B1、B2；人造板生产的替代方案为P1和P2，并得出本项目的两组基准线替代情景组合（表6-6）。

表6-6　基准线替代情景组合表

情景组合	替代方案		描　　述
	农作物秸秆利用及处理	人造板生产	
A	B1	P1	本项目不作为自愿减排项目
B	B2	P2	秸秆在以好氧为主的堆放或遗弃的情况下腐烂；以木材为原料生产人造板

农作物秸秆利用项目（包括作为生产原料，发电和其他利用方式）在实施过程中主要面临的障碍如下。

（1）收集运输障碍

农作物秸秆分布广，收集难度大，因此农作物秸秆利用的一个主要障碍是收集和运输。信阳市地理环境属大别山余脉地区，丘陵山地较多。除少量稻田采用人工收割外，其余大部分均用小型收割机进行收割，收割高度距地面30～40 cm，致使绝大部分水稻秸秆遗留在稻田里，无法收集。广大农户针对此情况，为了及时翻耕播种下一轮农作物，大量采用了焚烧的形式解决余留在田里的秸秆。虽然各级政府部门三令五申出台各种管理办法，甚至县、乡级以下政府部门采取强硬行政手段制止焚烧秸秆，但根据实地现场观测看，结果收效甚微。

信阳市秸秆运输能力不足，主要表现在三个方面：一是交通条件限制；二是缺少运输工具；三是缺少实施运输的人员。就交通条件来讲，信阳市已实现镇镇通公路，但村村通公路尚未实现，特别是南部山区，路况非常差，客观上限制了秸秆的运输。就运输工具来讲，实施秸秆运输主要是四轮小拖拉机等农用车，不仅运力有限，而且不安全；而秸秆又对大型车辆参与运输缺乏吸引力，限制了秸秆的远距离外运利用。就运输人员来讲，由于秸秆资源尚未实现产业化，参与运输的主体是农民，只是根据一时的需要自发运输，导致秸秆的外运规模不大。而且，收集半径越大，运输费用也越高。

（2）缺乏实践障碍

利用农作物秸秆生产人造板技术复杂，秸秆人造板生产还没有达到产业化水平，整个产业链还是初级发展阶段；同时，秸秆的种类和产量因地域不同而差异显著，而且具有明显的季节性，因此在没有当地现有经验借鉴的情况下，作为首例实施的秸秆人造板项目都会面临缺乏实践的障碍。缺乏实践的障碍具体体现在秸秆收购体系未建立、秸秆收购成本高、建设和运行经验缺乏三个方面，而成功申请为温室气体自愿减排项目能有效帮助该项目克服所面临的障碍。

因此，该项目被确认为首例项目，类似项目在河南省内没有普遍实施，即该项目具有额外性，组合情景 B2 和 P2 为基准线情景。

四、减排量计算

根据前文所述计算方法和相关生产数据，可以推算出该项目正常生产期年平均碳减排量，具体推算过程如下。

（1）基准线排放量

农作物秸秆无控燃烧或有氧腐烂的基准线排放 $BE_{CS,B2/B4,y}$ 根据式（6-4）计算，GWP_{CH_4} 为 25 t CO_2e/t CH_4，$CS_{PJ,k,y}$ 为 6 万 t，$NCV_k \times EF_{burning,CH_4,k,y}$ 为 0.001 971 t CH_4/t，即 $BE_{CS,B2/B4,y}$ 为 2 754 t CO_2e/a；

生产木质人造板耗电的基准线排放 $BE_{WAB,y}$ 根据式（6-5）计算，V_{CSB} 为 50 000 m^3，$EC_{WAB,y}$ 为 0.126 MW·h/m^3，$EF_{grid,CM,y}$ 为 0.65075 t CO_2e/（MW·h），$TDL_{BSL,y}$ 为 0.03，即 $BE_{WAB,y}$ 为 4 222 t CO_2e/a。

因生产木质人造板采伐林木而导致的碳储量减少 $BE_{CSR,y}$ 根据式（6-6）～式（6-9）计算，当地木质人造板所用树种为杨树（占 81.5%）和杂木（占 18.5%），可得 BE_{CSR} 为 73 645 t CO_2e/a。

因此，该项目总的基准线排放量 BE_y 为 80 621 t CO_2e/a。

（2）项目排放量

项目活动燃烧化石燃料产生的项目排放 $PE_{FC,y}$ 根据式（6-11）计算，该项目生产年消耗柴油为 30 t，柴油 $NCV_{i,y}$ 为 43.3 GJ/t，柴油 $EF_{FC,i,y}$ 为 0.074 8 t CO_2e/GJ，即 $PE_{FC,y}$ 为 97 t CO_2e/a。

项目活动耗电产生的项目排放 $PE_{EC,y}$ 根据式（6-12）计算，该项目年耗电量

$EC_{PJ,y}$ 为 9 000 MW·h，$EF_{grid,CM,y}$ 为 0.650 75 t CO_2e/（MW·h），$TDL_{PJ,y}$ 为 0.2，即 $PE_{EC,y}$ 为 7 028 t CO_2e/a。

将农作物秸秆运送到工厂所产生的项目排放 $PE_{CO_2,TR,y}$ 根据基于距离和车辆类型的方法，由式（6-14）计算，该项目运输农作物秸秆车辆为轻型车，每趟的平均载重量 $TL_{AW,y}$ 为 7.5 t，平均运输距离（往返）$AVD_{AW,y}$ 为 100 km，轻型车运输的排放因子 $EF_{km,y}$ 为 0.000245 t CO_2e/km，农作物秸秆运输量 $CS_{k,y}$ 为 60 000 t，即 $PE_{CO_2,TR,y}$ 为 196 t CO_2e/a。

因此，该项目总的项目排放量 PE_y 为 7321 t CO_2e/a。

（3）泄漏

在该项目活动边界内，水稻秸秆的总可获得量比被利用（如生产能源或用作肥料、原料等，包括拟议项目工厂所需）的数量多 40%，所以该项目泄漏排放量为 $LE_y = 0$。

（4）项目减排量

综上，可计算得出该项目正常生产期年平均碳减排量约为 73 300 t CO_2e/a，即生产 1 m^3 农作物秸秆板的碳减排量约为 1.446 t CO_2e/a。项目碳减排量计算过程中，所选取的参数和取值是比较准确和保守的，因此对同类项目的碳减排量计算和核算具有较高的参考价值。

五、监测计划

1. 监测要求

为了使预期温室气体减排的各个方面得到有效控制和及时报告，监测计划中需制定一系列监测任务。对项目的持续监测可以确保项目按计划运行并产生预期的减排量。

项目的监测计划是一份指导性的文件，说明了监测的整个程序，包括准备监测的主要项目指标、追踪和监测项目影响。在项目定义的计入期内，监测计划用于确定与该项目相关的温室气体排放并对这些记录进行归档。

监测计划对下列内容提出要求和说明：建立和维护对项目生产进行合理监测的系统；测量方法的质量控制；定期计算温室气体减排的程序；对具体工作人员监测责任的分工；数据存储和存档系统；为满足独立第三方核查提出的要求做准备。

2. 监测程序

（1）员工培训

为确保监测计划的顺利执行，在项目投入运行前，需对员工的设备操作、数据记录、文件储存能力进行培训。培训计划包括操作培训、设备维护培训、数据管理培训、检查和维修的培训等，确保数据记录和文件管理顺利执行。

（2）监测程序

万华生态板业（信阳）有限公司根据监测方法学对项目活动实施监测程序，负责收集和记录监测计划中所需要的信息。

秸秆收集负责人汇总秸秆收集的相关数据,包括类型、数量、运输记录等;工厂采购负责人通过收据和采购记录对监测记录进行交叉核对;工厂运行负责人全面管理监控计划的实施以及数据和文件的质量控制;碳资产开发项目经理负责执行监测计划并总结监测结果;总经理负责查对监测结果,保证监测数据的质量和准确性(图6-5)。

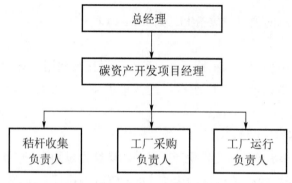

图6-5 项目的运行和管理结构

3. 监测参数

根据方法学对参数的测量方法和应用程序的描述,所有参数都应被监测(表6-7),并且妥善保管数据和文件记录,使第三方核查机构易于读取。校验测试记录需保存好以备核查。

表6-7 监测参数使用的设备或监测方法

参数	监测设备或方法
$CS_{k,y}$	利用安装在项目工厂的电子汽车衡称重测量,根据湿度计算农作物秸秆干重
农作物秸秆的含水率	由项目业主利用红外线快速水分测定仪对每一批次的农作物秸秆含水率进行检测
$V_{CSB,y}$	计件计算,通过基于销售数量和库存数量的年度平衡对测量值进行交叉核对
$FC_{i,y}$	项目业主记录每次化石燃料的购买量并保留相应的购买发票,购买发票用于交叉核对
$EC_{PJ,grid,y}$	利用项目工厂的用电结算电表进行监测,电表根据国家标准每年校准一次
$AVD_{AW,y}$	农作物秸秆收购登记时,记录收集地点及本批秸秆的运输距离,距离可以通过地图测距进行交叉核对
$TL_{AW,y}$	通过电子汽车衡称量运输农作物秸秆到项目工厂的货车在负载和空载情况下的质量,并作出相应记录

4. 质量保证和质量控制

对数据的记录、保存和存档的质量保证和质量控制程序作为自愿减排项目活动的一部分要不断进行完善。该项目采用高精度监测和控制设备来测量、记录、报告和监控各种关键参数，如耗电量、秸秆购买量、化石燃料购买量等。所有计量器具都应按照行业标准定期校准和密封，确保准确获得上述参数。购买记录（包括购买的电量和秸秆等）应与记录数据保持一致性。所有数据将保存到计入期结束两年后。

项目碳资产开发负责人承担温室气体减排监测的所有责任，项目业主有责任提供额外必要数据和信息以满足相关第三方机构的审定和核查的要求，如纸质地图、图表和环评等，与项目监测数据一起进行比较。

第七章 CDM 项目评估标准体系的构建

额外性评估工具是针对所有项目是否符合 CDM 规则的一个定性的评估工具，能定性地判断项目是否是合格的 CDM 项目。对拟议的或待开发的 CDM 项目如何进行前期评估，目前还没有一个比较可行的可量化标准。

为指导项目业主和开发机构对拟议的 CDM 项目进行有效和全面评估，本章在分析了 CDM 项目周期中各方面的要求与相关因素后，针对拟议的 CDM 项目开发了一套简单易行的评估系统。

针对合格的 CDM 项目，特别是合格的可再生能源 CDM 项目，通过对可再生能源领域 CDM 项目的一些共性问题的讨论，在深入分析了在中国开展的可再生能源领域的 CDM 项目对环境的影响、对可持续发展的贡献以及对全球温室气体减排的贡献等方面的特征基础上，构建了一个可量化的标准评估方法来剖析不同类型的可再生能源领域 CDM 项目的特征差异，从而揭示这些项目深层的内在特性规律。该方法的结果可以为项目开发者提供决策指导，为政府决策部门审批可再生能源 CDM 提供科学依据，同时可以为我国能源战略决策部门规划我国可再生能源发展方向提供理论依据。

从 CDM 项目的定性评估标准到项目简单易行的评估系统的开发，到最后讨论项目实施后对可持续发展贡献的指标体系的建立，从不同的需求出发，本章开发形成了一套全面的 CDM 评估体系。

第一节 CDM 项目额外性评估工具

CDM 项目减排效益的额外性问题是 CDM 方法学中的核心问题之一。项目只有在具备了额外性的前提下，才具有成为合格的 CDM 项目的条件。因此本节首先对额外性评估工具作一个系统阐述。

2012 年 11 月 23 日联合国 CDM 执行理事会第 70 次会议通过了额外性论证与评估工具（第七版）。所谓额外性是指 CDM 项目活动所产生的减排量相对于基准线是额外的，即这种项目活动在没有外来的 CDM 支持下，存在财务、技术、融资、风险和人才方面的竞争劣势和/或障碍因素，因而该项目的减排量在没有 CDM 时就难以产生。反之，如果某项目活动在没有 CDM 的情况下能够按正常商业模式运行，那么项目本身就成为基准线的组成部分，项目相对该基准线就没有减排量可言，也就不存在减排的额外性。

下面我们将就该工具的适用条件、具体操作步骤和每一步骤的要点等问题作系统介绍。

一、范围与适用条件

该工具提供一种分步骤的方法来论证和评价额外性，这些步骤包括：

识别项目活动的替代方案、投资分析、障碍分析、普遍性分析。普遍性分析这一步的作用是对投资和/或障碍分析的补充与佐证。

该工具是一种论证和评价额外性的一般性框架，可应用的项目类型范围广泛。对于一些特定的项目类型可能需要对该框架进行适当调整（图7-1）。

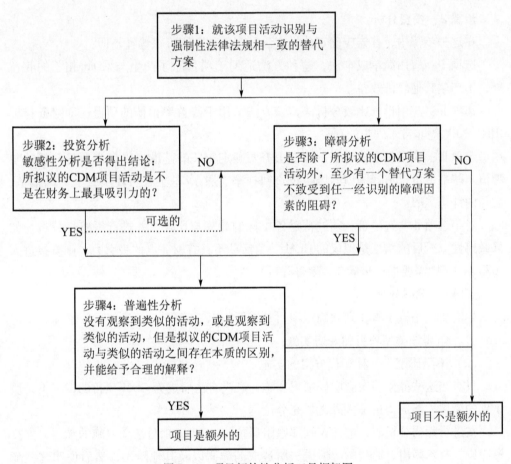

图7-1 项目额外性分析工具框架图

二、各步骤要点说明

步骤1：识别项目替代情景

在这一步骤中需要论述项目活动的替代方案（即替代情景），这种替代方案应是真实可信的，替代方案包括：

• 项目活动本身，但没有考虑注册成为 CDM 项目；

- 其他真实可信的替代情景；
- 继续现状（不采取该项目活动或其他替代方案），视情况而定。

在确定替代方案后，识别出真实可信的替代方案。然后判断这些方案是否遵守所有强制性的适用法律与法规的要求。如果一种方案不遵守这种要求，则须进一步考察实施该法律与法规所在国家或地区的执法现状，以表明这些适用法律和法规存在有法不依、执法不严、违法不究的普遍现象。如果不能证明这种违规是普遍存在的，则将该替代方案剔除。剔除所有不符合的情景之后，如果项目活动是众多替代情景中唯一遵守法律与法规的，而这些法律与法规得到普遍遵守，则项目活动不具有额外性。

步骤2：投资分析

在这一步骤中，首先应确定分析方法，有3种方法可供选择，即：

选项Ⅰ：应用简单成本法，这种方法适用于项目除了产生与CDM相关的收益外，不产生其他经济效益。

选项Ⅱ：应用投资比较分析法，该方法适用于收益率很低的项目，即财务指标IRR、NPV等非常不理想的项目。

选项Ⅲ：应用基准分析法，该方法需要确定相关的基准值以作为项目分析的参考值。基准值可以选择国债的风险投资回报率、股票/基金在可比项目上的回报率、公司内部基准等。

对于选项Ⅱ与选项Ⅲ，须进行财务指标的计算与比较，并进行敏感性分析。如果敏感性分析后的结论是拟议的CDM项目活动不具有财务上的吸引力，则直接进入步骤4，否则需要进行步骤3（障碍分析）。

步骤3：障碍分析

如需要使用该步骤，则须确定项目是否面临以下障碍：

（1）阻碍该类型项目的普遍实施；

（2）不阻碍至少一种替代方案的实施。

只有当这些障碍确实会阻碍项目实施，又没有注册成为CDM项目的情况下，所识别的障碍才能成为论证额外性的充分论据。

在进行障碍分析时，应先识别那些阻碍拟议的CDM项目活动实施的障碍，如投资障碍、技术障碍、通行的习惯做法所造成的障碍以及其他障碍，然后说明这些障碍除了阻止拟议的项目活动外不会阻碍至少一种替代方案的实施。如果满足上述条件，则项目的额外性是充分的。反之，项目不具有额外性。

步骤4：普遍性分析

该步骤是对步骤2和步骤3的补充，通过以下两个步骤来识别和分析那些已经存在的普遍实践活动。

（1）子步骤4a。分析类似的其他活动。这些活动可以是以前已经实施的或正在建设中的类似活动，如果具有类似规模并发生在可比的环境中，需要提供可核查的证据并酌情提供与之相关的量化信息，以说明类似的活动是否在相关的地区早已普及或普及到什么程度。

（2）子步骤4b。讨论正在出现的任何类似方案。如果类似的活动被普遍地观测到并且正在正常地开展，则说明步骤2和步骤3的论点有疑问。因此，如果出现上述类似的活动，则有必要说明为什么这些活动的存在与声称拟议的项目活动在财务上不具有吸引力或存在障碍的说法不矛盾。为此需要进行对比分析，指出并解释它们之间的本质区别，这些区别可包括项目运行环境发生的重大变化。如出现新的障碍或鼓励政策可能终止，这种变化必须是根本性的并且是可以验证的。

如果上述子步骤4a和4b得到满足，即观测不到类似的活动或者能够观测到，但存在本质区别，则项目具有额外性，反之，则项目不具有额外性。

我们从以上的分析中可以看出，该评估工具是一个定性加定量相结合的分析工具，逻辑上非常严密，其论述要求也很严格。该工具要求既要提供事实依据，也需要具体的数值分析，是开发CDM项目所必不可少的步骤，也是CDM项目论述的难点之一，需要我们很好地领会与把握其中的思想，针对具体的项目具体分析，灵活运用。

第二节　拟议的 CDM 项目评估体系的构建

权重矩阵是一种理性、规范的分析方法。UNFCCC下的CDM执行理事会为CDM项目的开发（包括指定经营实体核证、EB的认证、CDM项目注册）制定了详尽的评判标准，如已批准的方法学和工具等。但对于广大的项目开发商和CDM推广机构来说却缺乏一个全面的项目前期评估的详细准则，这就给项目开发商决定是否实施CDM项目带来了难度，这也是造成目前许多潜在的CDM项目投资者在实施CDM问题上迟疑并错过机会的一个重要原因。那么，应当如何对拟议的CDM项目进行评估，并预测其实施前景呢？

目前，学术界和相关的工业部门都进行了一些实践，但并没有开发出一套简单可行的方法。本节将提出一个评估体系来对拟议的CDM项目进行前期评估。通过调查CDM项目周期各个方面的要求和对相关因素的分析，本节提出了使用权重矩阵方法（Weight Matrix Method，WMM）对某一组拟议的CDM项目进行实施前景分析，结果显示该方法是一套行之有效，可以为处于拟议阶段的CDM项目评估提供重要参考依据的方法。

一、标准及方法的确定

1. 目标因子的选择和权重的分配

目标因子的选择是根据CDM项目本身所必须具备或者最好具备的条件来决定

的。这些条件和要求主要包括以下几个方面：① CDM 执行理事会关于 CDM 项目的文件性要求；② 东道国 CDM 项目相关的管理办法以及 CER 买方的偏好；③CDM 项目其本身作为一个商业项目的要求；④国际碳市场及其他相关的宏观环境因素。基于这样几个方面的考虑，可以就拟议的 CDM 项目的评估建立 4 个评估项目：①项目基本信息；②项目合格性和额外性；③项目的社会、经济和环境影响以及利益相关者意见；④与项目有关的各类关系的整合。每一个评估项目下设有若干个子项目作为目标因子考虑（表 7-1）。

表 7-1 拟议的 CDM 项目评估目标因子

评估项目（assessment item）	目标因子/子矩阵因子（weight factor）
（1）项目基本信息（fundamental project information）	①项目地理位置（project location）； ②项目规模（project size）； ③项目类型（project type）； ④项目投、融资情况（investment and financing status）； ⑤项目开展情况，包括可行性研究情况（project status, including feasibility study）； ⑥项目开发商（CDM 项目申请方）资信（project developer/CDM applicant seniority/experience/capacity）； ⑦对于拟议项目实施 CDM 的障碍和风险的预测（prediction for CDM risk and barriers against CDM implementation）
（2）项目合格性和额外性（project eligibility and additionality）	①考察项目各方面的条件是否符合 EB 规定的规则（compliance with general CDM EB rules）； ②项目额外性（project additionality）； ③基准线确定（baseline determination）； ④考察项目减排能力大小（project capability to generate CER）； ⑤项目系统边界设置及泄漏（systematic project boundary）； ⑥项目监测（monitoring）
（3）项目的社会、经济和环境影响以及利益相关者意见（social, economic and environmental impact and stakeholders' comments）	①项目的实施是否具有良好的社会经济效应（social economic effect due to the implementation of the proposed project）； ②项目的实施是否会对环境造成负面影响（project environmental impact）； ③利益相关者意见（Stakeholders' comments）

续上表

评估项目（assessment item）	目标因子/子矩阵因子（weight factor）
（4）与项目有关的各类关系的整合（integrated project-based relationships）	①与 CER 目标购买方的联系（connection with potential CER buyer）； ②与指定的国家主管机构的沟通和联系（relationship with the DNA）； ③与 CDM 项目设计文件编制方的联系（connection with CDM PDD developer）； ④与运营实体的联系（connection with authorized DOE/AOE）； ⑤与其他 CDM 推广机构的联系（connection with other CDM promoter）； ⑥公众、学术界对该 CDM 项目的认知度（public/academia awareness towards the project as a CDM project）

下面对各个评估项目及其相应的目标因子对实施 CDM 影响的重要程度进行分析，并根据分析结果给出了建议的评估项目权数比重。

各个评估项目及相应的目标因子权重的分配，结合评分原则联合做出的同时，也应当遵循以下原则：

首先，权数比重应当根据该项评估项目对实施 CDM 的影响程度来确定。对 CDM 的实施影响严重程度高的目标因子及其所在的评估项目应该合理分配较多的权重；反之，则应该分配较少的权重。

其次，权数比重的分配要能够合理体现出区分功能。为拟议的 CDM 项目组排列优先选择的次序是进行项目评估的目的，因此在有争议的权数比重的分配问题上，应该考虑如何设计权重的分配能够更好地体现出评估工具的区分功能。

最后，权数比重的设计应有灵活性。在评估同一组拟议的 CDM 项目时，应当使用统一的权重和标准来分析，但这并不意味着权重的分配不可改变。随着时间的变化，CDM 可能会出现一些新的规则和要求。因此，权重设计要为不可预料的因素留有余地。

基于以上几点考虑，下面分析了对各个评估项目的权重设计的考虑和建议。

（1）项目基本信息

项目的基本信息中考察的主要是拟议的项目实施 CDM 时的一些非强制性的要求和项目作为一个商业产物需要考虑的一些因素。项目地理位置只受碳融资商和国家关于促进 CDM 的区域优先政策影响。项目规模之所以会有一定影响是因为就目前而言，大规模项目在吸引投资和 CER 买方兴趣方面会有更大的优势，而项目类型则同样受到国家政策和 CER 买方偏好的影响。项目投、融资如果已经完成，那么可以认为 CER 购买方会更倾向于就这类项目开展进一步谈判。拟议项目的进度计划和开展情况，项目可行性研究也是应当考虑的因素。同样，CER 买方对于项目业主的资信和实力势必有要求。此外，如果项目是多边合作项目，还需要考察项目是否占用了发达国家对我国的官方发展援助资金。但是，值得注意的是这些因素中的许多并不是项目实施 CDM 所必须满足的核心要求，所以我们建议这一评估项目的权重设为 15%。

（2）项目的合格性和额外性

这一部分是项目作为商业项目以外还必须满足的 CDM 核心条件和要求，也是赋予权重最高的一项。这一评估项目主要考察项目符合 CDM 规则要求的情况、项目额外性情况及基准线方法学、项目边界设定和项目检测方法学。需要明确的是，这些要求和规定都是强制不可谈判的。在目标因子子矩阵中，项目的合格性和额外性占最大比重，其次是基准线的开发难度以及项目设计。关于基准线确定难度，主要考察方法学是否存在可用，如果没有，还应考虑研究费用是否巨大以及研究周期会否太长。项目的减排能力则可以参照性地考察项目的增量减排成本（单位减排量所需要的额外资金投入），同时，我们建议参考项目的另外一项少为提及的指标，即单位减排量所需的资金投入，但这一项指标主要适合在同一类型但不同规模、不同地点的项目评估时使用。如果项目已经与专业 PDD 开发机构取得联系，这个子矩阵的评估可以参考对方的意见。基于对这一类要求重要性的考虑，建议分配 55% 的权重。

（3）项目的社会、经济和环境影响以及利益相关者的意见

这一项单列主要是考虑作为对项目最终实施有着特殊影响的"软"指标特性。社会经济效益指标一般没有定量的标准可以衡量，需要申请人根据项目自身所处的社区、项目受益以及受益群体的分析综合得出评价。而环境评价则是相比较之下更专业和项目实施 CDM 更需要关注之处，考察项目的实施是否具有负面的环境影响，如果具有，则分析影响的严重程度；如果影响是正面的，则分析对环境的贡献。利益相关者的态度，尤其是项目所处社区居民的意见也应该是重点考察对象，因为良好的社会经济效益不能以牺牲社区利益获得，也不宜引发社区不满和矛盾。例如，一个会导致强制征用农村居民土地的项目如果不能在补偿问题上与居民达成友好协议，很可能在吸引 CERs 买方上处于不利位置，也可能遭致学术界的批评。南美的某个项目强制占地种树，强迫居民搬迁就是这样的例子。

（4）与项目有关的各类关系的整合

CDM 项目的本质是在碳收益支持下得以理想或较理想地实施并运行的商业项目。作为本质是商业项目的 CDM 项目，其实施是一个梯形团队作业的过程，除了项目作为一个商业项目的运作周期外，还需要整合并协调与实施 CDM 项目相关的各方面力量，共同推动项目与 CDM 的结合与进展，这就使得项目本身与 CDM 相关各方

的联系显得尤为重要。如果项目已经与某国家的购买方取得联系甚至签订合作意向书/购买合同，那么项目的后期审批和推动则会相对顺利，也容易相应地获得更多资源。这同时与国际碳市场的供求平衡相关，应当根据掌握的信息为项目实施 CDM 后产生的 CERs 设计目标购买人。另外，国家主管机构的政策和态度也是至关重要的决定因素，国家主管机构对该项目是否持欢迎和支持的态度，直接关系到项目审批的顺利程度。同样，PDD 编制方的能力及其编制的 PDD 质量也是重要的影响因素。

基于以上的考虑，建议将 20% 的权重赋予该项目。与第一评估项 15% 的权重相比较，20% 同时是为了体现在基本信息符合 CDM 条件的情况下，这一项显得更加重要。

二、项目评估矩阵的设计

完成了权数比重的设计之后，就可以得到直观而完整的拟议 CDM 项目评估表（表 7 - 2）。

值得一提的是，对于每一项评估项目，均可以利用其所包含的目标因子继续设计其子矩阵，方法与表 7 - 2 的设计一样，这里仅以（2）项目合格性和额外性为例进行说明，其余各项就不再赘述。

最重要的仍然是确定各个因子在子矩阵中的权重，根据 CDM 规则，EB 的各项规定和对于额外性的要求是强制性的，因此这两项应当占有绝对分量的比重，例如取 85%，其中合格性占 30%，额外性占 50%。其余 4 项权重设计分别为 6%、5%、5%、4%。这样就得到了项目合格性和额外性评估子矩阵（表 7 - 3）。

表 7 - 2　拟议的 CDM 项目权重矩阵评估表

评估项目	权重 W_i	得分 M_i	评估项得分
（1）项目基本信息	15%		$W_1 \times M_1$
（2）项目合格性和额外性	55%		$W_2 \times M_2$
（3）项目的社会、经济和环境影响以及利益相关者意见	10%		$W_3 \times M_3$
（4）与项目有关的各类关系的整合	20%		$W_4 \times M_4$
项目总计累计得分 $\sum W_i \times M_i$			

表 7 - 3　拟议的 CDM 项目合格性和额外性评估表

评估项目	权重 W_i	得分 M_i	评估项得分
（1）项目基本的合格性	30%		$W_1 \times M_1$
（2）项目额外性	50%		$W_2 \times M_2$
（3）基准线确定	6%		$W_3 \times M_3$

续上表

评估项目	权重 W_i	得分 M_i	评估项得分
（4）考察项目减排能力大小	5%		$W_4 \times M_4$
（5）项目系统边界设置及泄漏	5%		$W_5 \times M_5$
（6）项目监测	4%		$W_6 \times M_6$
项目总计累计得分 $\sum W_i \times M_i$			

三、评分和说明

为了增强评分结果的区分性，建议对目标因子的评分采取 4 分制，即从 0 ～ 4 分，以 0.5 分作为间隔。这样的打分可以避免出现模糊的差别，例如，采用 100 分制时就会出现诸如 65 ～ 70 分之间差异程度的模糊性。相比较而言，采用 4 分制就可以避免这样的问题，分值之间的差异一般是能够做到一目了然并且能够令人信服。

具体来讲，对于某一评估项目，如果拟议的 CDM 项目能够很好地满足要求，并且能够在文件中反映出无懈可击的优势，则赋予 4.0 分；若能够很好地满足 CDM 项目的有关要求，但个别目标因子又对实施构成一定的不利影响，则可由专家根据经验决定赋予 3.5 分或者 3.0 分；若对于某评估项目的绝对多数目标因子，拟议的项目都只能基本满足要求或者勉强甚至不能完全满足要求，则该评估项目记 2.5 分。2.5 分以下的项目则应该有明显不利于实施 CDM 项目的特性，如项目采用的技术明显不具有额外性，或者项目本身很明显是一般性商业项目，可由专家根据实际决定赋予 0.0 ～ 2.0 分之间的分值。

此外，需要引起评分专家注意的是，一些目标因子的评分可能是一种 4.0 分和 0 分之间的取舍，如某拟议项目具有明显额外性和明显不具备额外性的情况，前者就只能计 0 分，而后者则可以计 4.0 分。但这并不是说在额外性问题上只可能是一种 4.0 分和 0 分之间的选择，特殊情况下也存在中间分值，例如，对于小规模项目来讲，一般的要求是列出投资、技术、一般商业实践和其他障碍中的一种或一种以上的障碍即可，因此，这样的项目就可以根据情况设计不同的分值分布。

为了增强评估结果的科学性，建议评分程序由多名专家组成的小组在各自独立完成评分的基础上，最后汇总取平均值。但是这样并不能避免出现 2 名甚至 2 名以上专家成员误判的可能，因此，为了在出现这样的结果时能够对结果进行准确修正，建议召开专家组会议，以商议讨论的方式确定偏差最大的 2 组（或者几组）结果。这样的目的不是追求专家一致意见，而是在评估出现较大偏差时对偏差原因进行复审，从而避免评估的失准。

这样，某一个项目的最终得分（总计累计得分，total accumulated points）就由下式给出：

$$\text{TAP} = \sum W_i \times M_i \quad (i = 1,2,3,4,\cdots) \tag{7-1}$$

其中，W_i 是第 i 项评估项目的权重，M_i 是第 i 项评估项的得分。如果设计了子矩阵，设 SW_j 是第 j 项目标因子的权重，SM_j 是第 j 项目标因子的得分，则：

$$TAP = \sum W_i \times (\sum SW_j \times SM_j) \quad (i \text{ 或 } j = 1,2,3,4,\cdots) \qquad (7-2)$$

根据以上权重分配和评分规则可以看出，得分在 3.5～4.0 分之间的项目具有很高的 CDM 实施潜力。这样的项目除了满足 CDM 执行理事会的各项要求和东道国对 CDM 项目的偏好要求外，大都在一些细节性要求上有较好的优势。这样的项目应当得到优先考虑。

得分在 3.0～3.5 分之间的项目有较好实施 CDM 的前景，但需要对实施项目的一些实施 CDM 的薄弱环节进行重新考虑和安排，一般来讲可以认为这类项目的主要问题在于项目的推广上，即与项目实施 CDM 有关的各类关系的整合上可能使项目暂时处于不利的局面，因为这个分值段的项目一般应该在（1）、（2）、（3）项上得到高分，但在最后一项上得分较低，但这样的分析并不排除项目可能在（1）、（3）上仍然有不利条件出现的可能。

理想状态下可以认为得分在 2.2 分及以下的项目，一般不具有实施 CDM 的良好前景。根据以上权数比重的设置，可能导致项目的得分低于 2.2 分的原因只可能是项目在合格性和额外性有明显的缺陷或不利条件。因此在考虑这类项目是否继续推进实施 CDM 时需要加以慎重考虑。

四、评估方法应用

1. 应用案例分析

利用上面的方法，我们对目前中国南方的几个拟议的 CDM 项目进行了评估，这些项目是：①四川楠木河多级水电站项目；②泸州 30 000 户沼气工程；③深圳大工业区城市垃圾发电项目；④南昌垃圾填埋气发电项目；⑤江苏兴化 5.5MW 生物质发电项目。结果如表 7-4 所示。

表 7-4　利用权重矩阵评估拟议的 CDM 项目案例

评估项目	权重 W_i	项目1得分 M_i	项目2得分 M_i	项目3得分 M_i	项目4得分 M_i	项目5得分 M_i
（1）项目基本信息	15%	3.0	3.5	3.5	3.0	3.0
（2）项目合格性和额外性	55%	3.5	3.0	4.0	3.5	3.0
（3）项目的社会、经济和环境影响以及利益相关者意见	10%	4.0	4.0	3.5	3.5	4.0
（4）与项目有关的各类关系的整合	20%	3.5	3.5	3.5	2.5	3.5
加权得分		3.575	3.275	3.775	3.225	3.2

对于（1）项，其融资现状及其规模小的条件影响了基本信息得分，（2）项

0.5 的扣分主要由基准线的开发难度导致，由于其具有明显的社会和经济贡献，（3）项满分，最后一项的扣分是由于目前寻找碳投资商的状况造成的。同样地，可以分析其他几个项目的得分情况。

根据上面的评估结果，几个项目所表现出来的一致情况是（1）、（4）项均有不同程度的扣分。这样的评估结果可以为今后的项目开发提供一些启示。首先，目前的几个项目均受项目规模的影响，对投资商和 CERs 买方吸引力不足，大项目比小项目有优势，能够解决融资及金融风险问题的项目往往更受欢迎。其次，项目开发商普遍从业年份不长，需要在证明自身实力和资信上做更多工作。最后，由于沟通和信息渠道的限制，加上许多项目业主对 CDM 不熟悉，影响了国际交流水平，这也直接导致了最后一项得分普遍偏低。

2. 灵敏度分析

根据以上权重设计和评分规则，可以通过灵敏度分析来判断评分结果偏差对评估结果的影响程度。设目标函数：

$$y = \text{TAP} = \sum W_i \times M_i = 0.15M_1 + 0.55M_2 + 0.1M_3 + 0.2M_4$$

定义 y 对得分 M_i 的灵敏度为 $S_{(y,M_i)}$，则：

$$S_{(y,M_i)} = \left[\partial(\text{TAP})/\partial M_i \right] / (\text{TAP}/M_i) \qquad (7-3)$$

通过固定其他项对 M_i 变化所引起的 $S_{(y,M_i)}$ 的分析，可以发现，对于一个潜力很好的 CDM 项目，即各项得分均较高时，y 对 M_i 的灵敏度始终远远小于 1，只有在得分相当低，例如分别固定 $M_2 = M_3 = M_4 = 4.0 - 0.0$ 时，可以发现只有当 M_1 得分小于 2 分并且其他项均小于 0.5 分时，灵敏度才可能大于 1。对于权重最大的 W_2 项，通过灵敏度分析也发现只有在其他各项得分均小于 2 分时（此时的项目我们已经通过分析认为其不具有实施潜力），$S_{(y,M_i)}$ 有可能达到 1。这样，建议的评估方法在不出现极端偏差的情况下是能够确保得到稳定、可靠的评估结果。

因此，可以认为通过专家组的评估结果，哪怕个别存在相当大的偏差，也同样是值得采信的。

拟议 CDM 项目的评估能够为目前建设和实施 CDM 的后期能否最终取得成功提供重要指导和预测。错误的项目预评估结果会给实施项目的有关各方带来较为严重的后果。权重矩阵是一个将理性分析应用于实践的方法，若以此为基础，辅以其他评估工具，便能够做到客观、全面地分析出拟议 CDM 项目的实施潜力，最大限度地给项目涉及的有关各方降低风险。尤其是在我国这样一个经济结构多元化、拟议的 CDM 项目类型多样化的情况下，权重矩阵法更加能够凸现出其实际的应用价值。同时，通过对一组项目的分析，常常能够发现一些共同的不足，这也能够为将来开发 CDM 项目提供重要的经验和指导。

需要特别说明的是，矩阵的建立和评分均需要建立在专家组意见的基础上，切不可盲目，也应当避免个体主观意见取代团体意见，这样可以有效地减低评估偏差及其带来的风险。

最后，权重矩阵并不是唯一可以用来对 CDM 项目进行预评估的方法，其本身也有不可避免的缺陷，如权数比重的设置所附带的不可避免的主观性。因此，我们重点推荐将权重矩阵法应用于拟议的 CDM 项目评估的同时，也建议根据实际情况辅以其他的分析方法，做到尽可能全面、真实、客观地分析拟议项目的实施潜力，以确保 CDM 项目实施的成功率。

因此，该方法的应用不管对项目开发商及利益相关者、项目涉及文件开发方，还是对 CERs 买方、国际碳投资者、CDM 中介机构、研究机构，都能够提供重要的有价值的参考。

第三节　可再生能源领域 CDM 项目标准评估体系的构建

一、可再生能源 CDM 项目特征

本节将继续讨论 CDM 项目实施后（特别是可再生能源 CDM 项目）如何评估其对社会可持续发展影响的问题。CDM 项目对社会可持续发展的贡献是获得我国政府审批通过的核心内容，但如何衡量一个项目对社会可持续发展的贡献，目前还没有一个可操作的量化评估体系，只能从定性上做判断。本节将通过分析可再生能源 CDM 项目的特征，构建一个适合于评估可再生能源领域 CDM 项目对社会可持续发展的评估体系，为项目审批决策者提供一个可参考的科学依据。同样的研究方法如果结合其他领域的 CDM 项目特征希望可以进一步推广到其他领域的 CDM 项目上，为判断所有 CDM 项目对社会可持续发展的贡献提供一套可量化的评估系统。

中国政府在《清洁发展机制项目运行管理办法》中规定：在中国开展清洁发展机制项目的重点领域是以提高能源效率、开发利用新能源和可再生能源以及回收利用甲烷和煤层气为主。目前我国具有开发成 CDM 项目的新能源和可再生能源领域主要有生物质能、小水电、风能和垃圾回收利用。根据前面对额外性评估工具的分析和 CDM 项目特征的分析，理论上所有新开展的可再生能源项目都是合格的 CDM 项目。这些项目都具有可持续发展的特征，符合我国优先发展的产业政策。

目前，在我国广泛开展的可再生能源项目依次为小水电、风电、生物质发电、垃圾处理等。下面我们从分析这些类型项目所具有的特征入手来讨论构建评估系统的因子项的设置与选取。

1. 小水电项目的特征

在我国几乎处处都有可以用来发电的小河流。小水电站一般都建设在径流式河流上，利用的是自然水流，没有蓄水库。对于小型水电站项目来说，建设大坝是不合算的，因此，通常只建造最简单的矮坝或引水堰。这样的小型水电站具有以下特点：

（1）电站运行寿命长，坚固耐用，发电量较稳定，对于用电规模较小的边远地区来说，水力电站成为最具有吸引力的选择对象；许多地区依赖当地的小型水电厂供电。

（2）一般来说，小型水电站造成的环境影响较小；当把河水用于其他目的时，如灌溉和供水等，同时又能加上小水电发电系统，往往会更有吸引力。

（3）对已有的大坝和设施上的旧的小型电站进行改建，发电的成本较低，在经济上比较合算。

（4）当今的小水电技术是已经得到充分验证的成熟技术。各种现有的并已经过实践验证的电站设计方案，无论是建造方面的，还是运行方面的，均可广泛适用于不同的地理条件。

（5）水电站建造周期短。电站的建造不复杂，所需工艺也较简单，并可大量地利用当地的劳动力资源和材料加快建设速度。

（6）小水电站运行方式多种多样，既可是简单的人工操作，也可以是全自动的计算机化控制。

（7）小水电站在规模上没有优势，单位装机容量成本较高。目前，500～10 000 kW的电站投资成本为12 000～32 000元/kW。在某些特殊情况下，成本可能还会更高些。在站址条件特别好的地方，或者当地投入较为低廉时，成本可能会低一些。如果在一个现有的供水或灌溉系统上增加发电系统，往往花费不多。

2. 风电项目的特征

风能是一种干净的可再生能源，取之不尽，用之不竭，不会对环境造成污染，而且风能的采集相对比较直接，建设周期短。因此风能在众多的新能源中异军突起，成为各国新能源战略的重点和发展方向。与其他能源相比，其既有明显的优点，又有突出的局限性。风能具有蕴量大、可以再生、分布广泛、无污染四大优点，但风能利用中也存在能量密度低、能量不稳定与地区差异大等不利因素。

风能开发利用的不断提高依赖于风力发电技术的日益成熟。目前，风力发电机单机容量不断向大型化发展，目前主流机型已经达到2.0 MW以上。随着海上风电场的建设，单机容量更大的机组开始出现，欧洲3.6 MW机组已批量安装，4.2 MW、4.5 MW和5 MW机组也已安装运行。美国已经成功研制7 MW风力机，而英国正在研制10 MW的巨型风力机。

随着单机的容量大型化发展，风能的单位开发成本也逐步降低，风力发电成本显著下降。发电成本从20世纪80年代早期的3元/kWh降至2015年初的约0.4元/kWh（世界主要风电场），已可以与常规发电项目成本相竞争，因此现阶段风电产业步入快速发展轨道，风电产业在全球呈现全面发展态势。全球气候变暖和能源紧缺造成化石燃料（煤、石油、天然气）价格持续上扬，为风电产业的发展提供了新的契机。国际能源机构预测，至2020年，全球风机装机总功率将达到12亿kW，中国的发展速度更是惊人。

3. 生物质发电的特征

生物质发电主要是利用农业、林业和工业废弃物为原料，采取直接燃烧或气化的发电方式。总的说来，生物质能发电项目具有以下特征：

（1）生物质能发电在可再生能源发电中电能质量好、可靠性高，比小水电、风电和太阳能发电等间歇性发电要好得多，可以作为小水电、风电、太阳能发电的补充能源，具有很高的经济价值；

（2）农村能源结构由传统生物质能利用为主向现代化方向转化，生物质能发电是这种转化的重要途径；

（3）丰富的生物质能资源的有效开发利用，可以加工增值，促进农村经济发展；

（4）生物质能发电技术比较成熟，直燃发电技术和气化发电技术在我国都已得到开展应用。

4. 垃圾处理项目的特征

目前，垃圾处理主要有卫生填埋、焚烧和堆肥 3 种方式。这里我们主要讨论填埋与焚烧项目的特征。填埋的主要优点是建厂费用与运行费用相对较低，而且对垃圾的最终处置而言，卫生填埋也是唯一的方法。缺点是占地面积大，填埋所产生的渗沥水、沼气及恶臭对水、土、空气有污染，使得防治投资大。填埋在技术上是可靠的，操作的安全性也较好。垃圾焚烧的特点是能最大限度地实现生活垃圾减量化、无害化、资源化，占用土地资源少，缺点是建厂投资高、操作要求高、设备较复杂、要求垃圾有一定的热值（表 7 - 5）。

表 7 - 5　垃圾填埋和焚烧处理比较表

比较项目	垃圾填埋	垃圾焚烧
技术可靠性	可靠	可靠
操作安全性	较好，注意防火、防爆	好
选址难易	困难	容易
占地面积	大	小
最终处置	无	残渣需作处置
产品市场	沼气可发电/产热	热能/电能容易为社会使用，经济效益好
能源化	部分	全部
资源利用	恢复土地利用/再生土地资源	垃圾分选可部分回收资源
地表水污染	需采用防渗保护	可能性小
大气污染	有气味散出	烟气处理不当时，对大气有一定污染

比较项目	垃圾填埋	垃圾焚烧
土壤污染	限于填埋区域	无
管理要求	一般	较高

结合可再生能源项目的上述特点及其 CDM 所具有的属性，构建一个科学和量化的评价体系，对其环境和社会可持续发展的特征、对温室气体减排的贡献等给出标准的评估方法很有必要。

二、多层矩阵模型的构建方案

通过对生物质气化发电、生物质焚烧发电、垃圾焚烧发电、垃圾填埋气发电、小水电和风力发电项目的特征进行分析与研究，我们提出了一个多层次权重矩阵模型作为分析判断可再生能源 CDM 项目的标准方法。该模型的具体构建说明如下。

模型的设计共分 4 层。这是对可再生能源 CDM 项目评估考察的综合指标，是该类项目本身具备的共性和最主要特征。下面我们分别对其展开阐述。

1. 可持续发展指标的确定

可持续发展指标是该系统的核心组成部分，进一步对可持续发展的特征进行分解，我们可以从项目的环境影响、社会影响、经济影响和技术进步影响共四方面来分析，其中每一项又可设置若干个因子并给出其权重（表 7-6）。

表 7-6　可持续发展的评估标准因子项/子项及权重

项目	权重	评估因子项	权重	评估因子子项	权重
环境影响	0.3	对温室气体排放的影响	0.5	项目本身排放	—
				项目基准线排放	—
		对土地资源的影响	0.13	对土壤酸性的影响	0.13
				占用土地资源	0.6
				生物质资源的可持续利用	0.14
				固体废弃物的产生	0.13
		对水资源的影响	0.13	对水资源质量的影响	0.3
				对水资源供应量的影响	0.7
		对动物的影响	0.12	对动物食物的影响	0.5
				对动物居住的影响	0.5
		对城市环境的影响	0.12	对城市空气污染的影响	0.5
				对城市噪音污染的影响	0.5

续上表

项　目	权重	评估因子项	权重	评估因子子项	权重
社会影响	0.3	就业影响	0.2	项目本身带来的就业数	—
				项目基准线下的就业数	—
		对生活水平和减少贫困的影响	0.4	对当地居民生活水平与收入的影响	1
		对边远与贫困地区商业能源供应的影响	0.2	对当地边远与贫困地区商业能源供应的影响	1
		对城市化的影响	0.2	当地移居城市的人口	1
经济影响	0.2	内部收益率	0.25	考虑CDM后的内部收益率	—
				项目基准线下的内部收益率	—
		节约外汇	0.15	CDM项目的净外汇支出	—
				基准线下项目的净外汇支出	—
		私有企业的投资	0.15	作为CDM项目当地私有企业的投资比例	—
				基准线下当地私有企业的投资比例	—
		市场激励的影响	0.1	对当地市场的激励影响度	1
		对工业与农业的经济影响	0.1	对农业产业的影响	0.3
				对工业产业的影响	0.7
		公共财富投资	0.25	有利于公共财富的增加	1
技术进步影响	0.2	可再生能源的比率	0.2	CDM项目中来自可再生能源发电量的比率	—
				项目基准线下来自可再生能源发电量的比率	—
		能源效率的影响	0.4	CDM项目的能源效率	—
				基准线下项目的能源效率	—
		先进技术的转移	0.2	先进技术的转移	1
		环境污染控制技术的采用	0.1	环境污染控制技术的采用	1
		对能源安全的影响	0.1	对能源安全的影响	1

2. 减排成本的比较分析

减排成本指减少温室气体排放所需要的投资代价，具体可以用减少 1 t CO_2e 排放所需要投入的资金量来表示。关于 CDM 项目减排成本的计算，国内外相关机构进行了研究。清华大学核能技术研究院与日本的新能源开发机构（NEDO）以及挪威等机构合作完成了中国的若干 CDM 项目研究，采用了增量成本的计算方法。国家发改委能源研究所在电力部门选择了 3 个技术，进行了 CDM 项目的案例研究，也采用了增量成本的计算方法。我们同样采用这一方法来计算可再生能源领域 CDM 项目的减排成本。由于可再生能源项目规模较小，我们选择以同等规模的火力发电厂作为计算增量成本的基准线。确定计算方法后，我们需要构建对比分析方法。设每一项目的减排成本为 $Cost(i)$，$i = 1, 2, \cdots, n$，即其中所选分析项目数。设 $MIN = \min \{Cost(i), i = 1, 2, \cdots, n\}$，比值 $MIN/Cost(i)$ 即为该项目的相对分值。

3. 政策影响因子的设置

可再生能源项目本身是完全符合我国 CDM 项目优先开发政策的。系统分析这类项目后，我们发现其中有些项目的开发由于采用了先进技术，对提高能源效率也有帮助。有的项目还是直接回收甲烷项目。因此，我们根据国家鼓励开展 CDM 的重点领域设定政策影响的因子依次为可再生能源、能效提高和甲烷的回收利用，其权重依次为 0.5、0.25 和 0.25。

4. 综合影响权重的设置

对项目进行整体评估并设置层次矩阵的顶层因子项的权重（表 7 - 7）。

表 7 - 7　综合影响权重表

评估项目	权重
可持续发展	0.5
减排成本	0.25
政策影响	0.25

至此，模型的权重矩阵结构已全部勾画出来，我们可以看到模型最多达 4 层，最少为 1 层结构，为不等层结构模型。其层次结构如图 7 - 2 所示。

三、分析与讨论

1. 对可持续发展指标因子权重的说明

如何确定以上各个评估项目及其相应的目标因子及其子因子对目标值的影响程度，即其权数比重，我们同样遵循以下原则来分配：

首先，权数比重应当根据该项评估项目对目标值的重要性来确定。对目标值影响程度高的目标因子及其所在的评估项目应该合理分配较多权重；反之，则应该分配较少权重。

其次，在评估所有可再生能源 CDM 项目时，应当使用统一的权重和标准来分析。

基于以上考虑，我们对可持续发展指标因子的权重进行如下设置：

可持续发展指标的设置主要考虑项目的实施对环境、社会进步、经济与技术进步等四个方面的影响。这几方面的影响对可持续发展的贡献是至关重要的，因此我

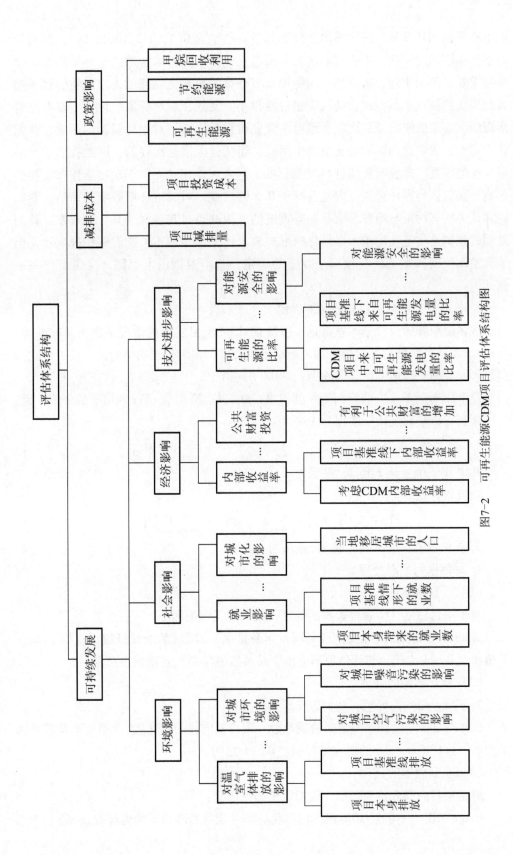

图7-2 可再生能源CDM项目评估体系结构图

们不特别强调其差异，依次简单地分配其各自权重为 0.3、0.3、0.2、0.2。但具体对于环境影响的评估，由于我们认为未来温室气体效应将对全球气候环境的影响越来越重要，而对土地、水资源、动物和城市环境的影响是局部的，因此我们赋予前者相当大的权重，其他因素的权重相对就很小。又如，对水资源的评估主要考虑对水资源供应量的影响，其次才考虑对水资源质量的影响；对土地资源的影响，我们认为对土地供应量的影响是起决定作用的，而其他因素是次要的，因此我们赋予前者 0.6 的权重，即表明其超过 50% 的影响，起支配作用；而对于动物居住和食物的影响，我们认为同样重要，因此各赋予 0.5 的权重；对城市环境影响的评估，我们同样认为空气污染与噪音污染是同等重要的，因此也对其各赋予 0.5 的权重。我们处理的原则是将定性的东西以量化的形式表示出来，虽然不可能做到精确表示，但能真实地反映其特征。其他因子权重的确定，基本遵循以上思路，这里不作一一阐述。

2. 各因子分值与项目总分值的确定

该多层矩阵的设计基本思路是：以没有 CDM 项目实施的情况下作为基准参考，考虑 CDM 项目实施后的效果。如果影响是正面的，则因子项的值为正，反之，则为负值。所有因子取值的设计区间为：$-100\% \sim 100\%$。

设 $W_{i,j}$ 表示第 i 层、第 j 列因子的权重，$M_{i,j}$ 表示第 i 层、第 j 列因子的分值，则：项目可持续发展指标的得分 TSP 为：

$$\text{TSP} = \sum W_{2,i} \times \sum W_{3,j} \times \cdots \times \sum W_{n,1} M_{n,1} \qquad (7-4)$$

其中 n 取值：从 2 到 3，最多为 4。

项目累计总的得分为：

$$\text{TAP} = \sum W_{1,i} \times \sum W_{2,j} \times \cdots \times \sum W_{n,1} M_{n,1} \qquad (7-5)$$

其中 n 取值：从 1 到 2 或 3，最多为 4。

3. 对数据的平滑处理

（1）项目减排的处理

对于项目温室气体减排影响的处理，我们定义影响因子：

factor e = （项目基准线排放 – 项目本身排放）/项目基准线排放，这样 factor e 的值将在 $0 \sim 1$ 之间，使评估值不会由于某项数值特别大或特别小而溢出。

（2）就业影响的处理

对于就业影响的处理，我们定义影响因子：

factor job = （项目本身带来的就业数 – 项目基准线的就业数）/项目本身带来的就业数，这样 factor job 的值也将控制在 $0 \sim 1$ 之间。

（3）项目收益的处理

对于项目内部收益的影响，我们定义影响因子：

factor IRR = （考虑 CDM 后的内部收益率 – 项目基准线下的内部收益率）/考虑

CDM 后的内部收益率。

（4）节约外汇的处理

对于项目节约外汇的影响，我们定义影响因子：

factor FC =（基准线下项目的净外汇支出 – CDM 项目的净外汇支出）/基准线下项目的净外汇支出。

（5）私有企业的投资比例处理

对于私有企业的投资比例的影响，我们定义影响因子：

factor Pf =（作为 CDM 项目当地私有企业的投资比例 – 基准线下当地私有企业的投资比例）/作为 CDM 项目当地私有企业的投资比例。

（6）可再生能源发电量比率

对于可再生能源发电量比率的影响，我们定义影响因子：

factor Ren =（CDM 项目中来自可再生能源发电量的比率 – 项目基准线下来自可再生能源发电量的比率）/CDM 项目中来自可再生能源发电量的比率。

（7）能源效率的影响

对于能源效率的影响，我们定义影响因子：

factor Eff =（CDM 项目的能源效率 – 基准线下项目的能源效率）/CDM 项目的能源效率。

如果不作上述处理，将会出现由于项目本身数据差异值过大而造成项目之间比较结果的过大差异，同时也会出现项目某一子项的分值过高，从而忽略了其他子项的特征差异。经过上述平滑处理后的数据，项目每一子项的所有得分值都将控制在 –100%～ +100% 之间，将不会出现上述现象，使数据分值更加合理。

四、案例分析

确定上述评估体系后，我们选择了 6 个具有代表性的可再生能源项目进行了评估，这些项目是：

（1）江苏如东 25 MW 生物质秸秆焚烧发电项目；

（2）江苏兴化 5 MW 生物质气化发电项目；

（3）广东深圳 12 MW 垃圾焚烧发电项目；

（4）江苏南京 6 MW 垃圾填埋气发电项目；

（5）江苏如东 70 MW 风力发电项目；

（6）四川攀枝花 6.5 MW 梯级小水电发电项目。

这些项目基本涵盖了目前我国可开发的再生能源 CDM 项目的类型，根据上节的评估计算方法，我们得到具体的数值结果见表 7 – 8、表 7 – 9。

表 7 – 8　可再生能源项目各项指标评估结果

评估项目	评估因子子项	评估因子子项	生物质直燃	气化发电	垃圾焚烧	垃圾填埋气	小水电	风电
对温室气体排放的影响		项目本身排放/t CO$_2$e	3 919	582	19 936	23 708	0	0
		项目基准线排放/t CO$_2$e	141 832	23 713	155 077	465 828	57 718	130 000
		对土壤酸性的影响	0%	0%	0%	50%	0%	0%
	对土地资源的影响	占用土地资源	15%	20%	50%	10%	50%	35%
		生物质资源的可持续使用	70%	70%	40%	40%	0%	0%
环境影响		固体废弃物的产生	0%	0%	100%	0%	0%	0%
	对水资源的影响	对水资源质量的影响	0%	0%	30%	50%	0%	0%
		对水资源供应量的影响	−10%	−10%	0%	0%	−20%	0%
	对动物的影响	对动物食物的影响	0%	0%	0%	0%	0%	0%
		对动物居住的影响	0%	0%	0%	0%	20%	0%
	对城市环境的影响	对城市空气污染的影响	−10%	0%	−20%	10%	15%	10%
		对城市噪音污染的影响	−30%	−25%	−5%	−5%	20%	10%
	就业影响	项目本身带来的就业数	1 250	450	50	30	100	50
		项目基准线下的就业数	1 000	400	0	0	50	0
社会影响	对生活水平和减少贫困的影响	对当地居民生活水平与收入的影响	30%	20%	0%	0%	40%	15%
	对边远贫困地区商业能源供应的影响	对当地边远与贫困地区商业能源供应的影响	0%	0%	0%	0%	30%	0%
	对城市化的影响	当地移居城市的人口	30%	20%	0%	0%	60%	10%

评估项目	评估因子项	评估因子子项	生物质直燃	气化发电	垃圾焚烧	垃圾填埋气	小水电	风电
	内部收益率	考虑CDM后的内部收益率	9.7%	8.17%	8.08%	26.58%	15.00%	6.5%
		项目基准线下的内部收益率	7.00%	7.00%	6.50%	6.00%	6.00%	6.00%
	节约外汇	CDM项目的净外汇支出	0.5	0.1	0	0.1	1	2.5
		基准线下项目的净外汇支出	1.2	0.2	0	0.4	0.5	1.5
经济影响	私有企业的投资	作为CDM项目当地私有企业的投资比例	35%	95%	100%	100%	80%	0%
		基准线下当地私有企业的投资比例	0%	0%	50%	50%	0%	0%
	市场激励的影响	对当地市场的激励影响度	70%	70%	50%	50%	30%	50%
	对工业与农业的经济影响	对农业产业的影响	10%	10%	0%	0%	60%	10%
		对工业产业的影响	10%	10%	50%	30%	80%	60%
	公共财富投资	有利于公共财富的增加	30%	50%	10%	10%	50%	50%
	可再生能源的比率	CDM项目中来自可再生能源发电量的比率	100%	100%	50%	100%	100%	100%
		项目基准线下来自可再生能源发电量的比率	0%	0%	0%	0%	0%	0%
技术进步影响	能源效率的影响	CDM项目的能源效率	60%	55%	80%	60%	50%	50%
		基准线下项目的能源效率	45%	45%	35%	35%	35%	35%
	先进技术的转移	先进技术的转移	20%	0%	80%	50%	40%	30%
	环境污染控制技术的采用	环境污染控制技术的采用	100%	100%	70%	80%	100%	100%
	对能源安全的影响	对能源安全的影响	40%	40%	40%	30%	100%	80%

表7-9　项目综合评估得分

	生物质焚烧	生物质气化	垃圾焚烧	垃圾填埋气	小水电	风电
持续发展	0.38	0.38	0.37	0.48	0.52	0.43
减排成本	0.08	0.2	0.04	1	0.32	0.1
政策影响	0.54	0.53	0.29	0.8	0.55	0.55

通过对表7-8的结果与权重的计算，分别给出了项目对可持续发展的贡献值和项目综合指标的评估结果，分别如图7-3和图7-4所示。

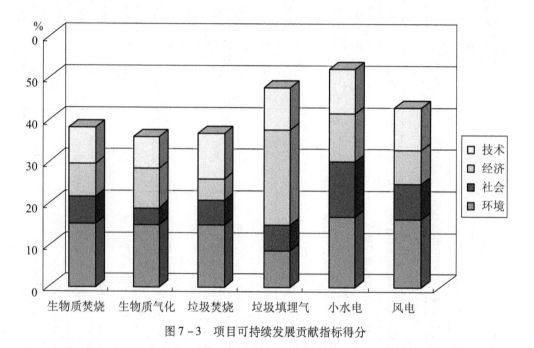

图7-3　项目可持续发展贡献指标得分

从图7-3可以看出：

（1）所有项目对可持续发展的贡献都是正面的，这一点符合可再生能源项目的本质特征。其中梯级小水电项目的分值最高，相对而言，小水电项目、垃圾填埋气项目和风能发电项目的分值较高，这主要是由于这些项目本身不但不会对当地环境造成破坏，而且可以改善当地环境质量，同时对经济的贡献较大。

（2）生物质气化和焚烧项目由于项目性质的差异小而分值接近；而垃圾焚烧对比垃圾填埋气项目，则主要由于填埋气项目的 CDM 收益较高、垃圾焚烧项目的成本太高而相差很大。

从图 7-4 可以看出：

（1）垃圾填埋气项目由于其增量减排成本很低而得分最高，因此该类项目对投资者开发成 CDM 项目非常具有吸引力，相对垃圾焚烧项目具有明显的优势。

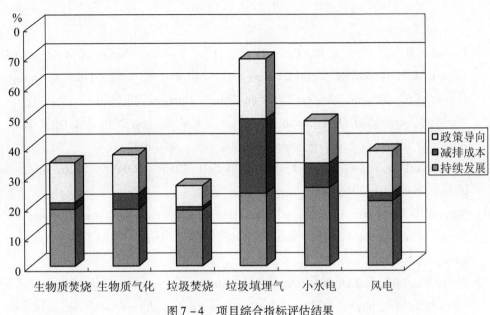

图 7-4　项目综合指标评估结果

（2）从综合指标和可持续发展的角度分析，我们相对更应鼓励开展垃圾填埋气、小水电和风能项目。

上述案例结果表明：该评估系统基本反映了可再生能源 CDM 项目的特征差异，不会因为不同类型的项目其评估因子数值差异太大而发生无法进行对比分析的现象。原因是采用多层矩阵的设计消除了不同因子因数值差异太大的影响，使该评估体系可行、合理。同时该系统将 CDM 项目的特征参数与项目自身的特征参数相结合，将 CDM 采用基准线的分析方法创造性地自然融合到评估体系的构建中，使得该系统的设计更加具有系统性与科学性。

该系统的不足之处在于：系统部分因子的数值无法客观获取，需要人为进行估算，同时该层次矩阵的权重设置都带有主观因素。为使这些带有主观因素的参数更加客观和准确，需要采用其他辅助方法（如组织专家进行系统评估）。

尽管如此，目前该系统给出的初步评估结果依然可以反映可再生能源项目的基本特征，对开展可再生能源领域的 CDM 项目具有一定的现实和理论指导价值。

主要参考文献

［1］ Pachauri R K, Allen M R, Barros V R, et al. Climate Change 2014：Synthesis Report. Contribution of Working Groups Ⅰ, Ⅱ and Ⅲ to the Fifth Assessment Report of the Intergovernmental Panel on Climate Change ［J］. 2014.

［2］ World Meteorological Organization. Greenhouse Gas Bulletin 2016 ［R/OL］. 2017. https：//library. wmo. int/doc_num. php? explnum_id=4022.

［3］ Global carbon Project. Global Carbon Budget 2016 ［R/OL］. 2016. http：// globalcarbonbudget2016. org.

［4］ National Oceanic and Atmospheric Administration Earth System Research Laboratory. Trends in atmospheric carbon dioxide ［R/OL］. 2016. http：//www. esrl. noaa. gov/ gmd/ccgg/trends.

［5］ World Meteorological Organization. WMO statement on the state of the global climate ［R/OL］. 2016：https：//library. wmo. int/opac/index. php? lvl=notice_display&id =97#. Wdon81uCzIV.

［6］ National Oceanic and Atmospheric Administration Earth System Research Laboratory. NOAA's annual greenhouse gas index ［R/OL］. 2016. NOAA's annual greenhouse gas index, http：//www. esrl. noaa. gov/gmd/aggi.

［7］ Le Quéré, C., et al. Global carbon budget 2016 ［J］. Earth System Science Data, 2016 (8)：605－649.

［8］ 国家发展和改革委员会, 农业部, 财政部. "十二五"农作物秸秆综合利用实施方案 ［R］. 北京：国家发展和改革委员会, 农业部, 财政部, 2011.

［9］ 刘芳. 气候变暖对水文状况的影响 ［J］. 甘肃科技, 1999, 15 (3)：39－41.

［10］ 王春乙. 气候变暖对农业生产的影响 ［J］. 气候变化通讯, 2004 (4)：10－12.

［11］ 李学勇. 中国气候变化国家评估报告 ［M］. 北京：科学出版社, 2006.

［12］ Yang M. China's energy efficiency target 2010 ［J］. Energy Policy, 2008, 36 (2)：561－570.

［13］ 国务院. 中华人民共和国国民经济和社会发展第十一个五年规划纲要 ［R/ OL］. 2006. http：//ghs. ndrc. gov. cn/zttp/ghjd/quanwen/. 2006－03－16.

［14］ 国家发展和改革委员会. 中国应对气候变化的政策与行动——2010 年度报告 ［J］. 财经界, 2011 (3)：25－35.

［15］ He J. China's INDC and non-fossil energy development ［J］. Advances in Climate

Change Research, 2015, 6 (3)：210 – 215.

［16］国务院. 强化应对气候变化行动——中国国家自主贡献［R/OL］. 2015. http：//www. gov. cn/xinwen/2015 – 06/30/content _ 2887330. htm. 2015 – 06 – 30.

［17］李俊峰，陈济，杨秀，等. 自主贡献是实力、态度，更是责任——对中国国家自主贡献的评论［J］. 环境经济, 2015 (Z4)：17.

［18］国家发展和改革委员会. 全国碳排放权交易市场建设方案（发电行业）［R/OL］. 2017. http：//www. ndrc. gov. cn/zcfb/gfxwj/201712/t20171220_871127. html. 2017 – 12 – 18.

［19］国务院. 中国应对气候变化的政策与行动 2017 年度报告［R/OL］. 2017. http://qhs. ndrc. gov. cn/gzdt/201710/t20171031_866086. html. 2017 – 10 – 31.

［20］国家能源局. 生物质能发展"十三五"规划［R/OL］. 2016. http：//www. ndrc. gov. cn/fzgggz/fzgh/ghwb/gjjgh/201708/t20170809_857320 – html – 2017 – 08 – 09.

［21］吴创之，马隆龙. 生物质能现代化利用技术［M］. 北京：化学工业出版社, 2003.

［22］张瑞芹，魏新利. 生物质衍生的燃料和化学物质［M］. 郑州：郑州大学出版社, 2004.

［23］袁振宏，吴创之，马隆龙，等. 生物质能利用原理与技术［M］. 北京：化学工业出版社, 2004.

［24］陈雅琳，高吉喜，李咏红. 中国化石能源以生物质能源替代的潜力及环境效应研究［J］. 中国环境科学, 2010, 30 (10)：1425 – 1431.

［25］李俊峰，刘迎春.《京都议定书》生效给我国带来的影响［J］. 节能与环保, 2005 (2)：11 – 12.

［26］CDM Executive Board. Reports of EB Meetings［R/OL］. 2004. http：//cdm. unfccc. int. int/EB/Meetings.

［27］UNFCCC. Modalities and procedures for a clean development mechanism as defined in Article 12 of the Kyoto Protocol［R/OL］. 2001. http：//cdm. unfccc. int/ Refernce/COPMOP/decision_17_CP. 7. pdf.

［28］陈柳钦. 金融支持低碳经济发展问题探讨［J］. 当代经济研究, 2013, 21 (2)：42 – 49.

［29］刘月. 碳交易市场体系比较分析研究［D］. 山东大学, 2014.

［30］嵇欣. 国外碳排放交易体系的政策设计对我国的启示［J］. 上海经济研究, 2014, 305 (02)：92 – 101.

［31］Li Yang, Jianmin Wang, Jun Shi. Can China meet its 2020 economic growth and carbon emissions reduction targets [J]. Journal of Cleaner Production, 2017, 142 (1): 993 - 1001.

[32] Kurtzman, Joel. The Low-Carbon Diet: How the Market Can Curb Climate Change [J]. Foreign Affairs, 2009, 88 (5): 114 - 122.

[33] Staczak, Jarosaw, Bartoszczuk, Pawe. CO_2 emission trading model with trading prices [J]. Climatic Change, 2010, 103 (1): 291 - 301.

[34] 江琴. 基于低碳发展的我国各省碳排放情景分析 [J]. 管理现代化, 2010, 16 (03): 50 - 52.

[35] 羊志洪, 鞠美庭, 周怡圃, 等. 清洁发展机制与中国碳排放交易市场的构建 [J]. 中国人口·资源与环境, 2011, 21 (08): 118 - 123.

[36] 国家发展和改革委员会. 温室气体自愿减排交易管理暂行办法 [R/OL]. 2012. http: //cdm. ccchina. org. cn/WebSite/CDM/UpFile/File2894. pdf. 2012 - 06 - 20.

[37] 周泓, 郭洪泽. 解读《温室气体自愿减排交易管理暂行办法》[J]. 中国环境管理, 2013, 5 (04): 26 - 28.

[38] 刘梦男. 新建燃煤热电联产项目的碳减排量化分析 [D]. 河北工程大学, 2016.

[39] 成欢. 自愿减排交易下的分布式供能项目效益评估研究 [D]. 华北电力大学, 2015.

[40] 李静. 制糖业废弃生物质沼气发电项目碳排放计算方法应用研究 [D]. 河北工程大学, 2012.

[41] UNFCCC. Flaring or use of landfill gas [R/OL]. 2017. http: //cdm. unfccc. int/methodologies/DB/Y88077XT5O83TZ2PYEZ36LFIAMAODR.

[42] UNFCCC. Landfill methane recovery [R/OL]. 2014. http: //cdm. unfccc. int/methodologies/DB/QPVDNPHDG8302KQ5EPGD3OC57KVA3Q.

[43] UNFCCC. Treatment of wastewater [R/OL]. 2016. http: //cdm. unfccc. int/methodologies/DB/16BCFQA83AIQG7JF8QGVZOQJUG9FAG.

[44] UNFCCC. Avoidance of methane production in wastewater treatment through replacement of anaerobic systems by aerobic systems [R/OL]. 2009. http: //cdm. unfccc. int/methodologies/DB/Z5A2LR9Q7XS906TDS4XDC8MKORZ63R.

[45] UNFCCC. Alternative waste treatment processes [R/OL]. 2014. http: //cdm. unfccc. int/methodologies/DB/YINQ0W7SUYOO2S6GU8E5DYVP2ZC2N3.

[46] UNFCCC. Avoidance of methane emissions through composting [R/OL]. 2016. http: //cdm. unfccc. int/methodologies/DB/NZ83KB7YHBIA7HL2U1PCNAOCHPUQYX.

[47] UNFCCC. Methane recovery in agricultural activities at household/small farm level [R/OL]. 2016. http: //cdm. unfccc. int/methodologies/DB/NZ83KB7YHBIA7HL

2U1PCNAOCHPUQYX.

[48] 张艳丽. 我国农村沼气建设现状及发展对策 [J]. 可再生能源, 2004 (4)：5-8.

[49] 卢旭珍, 邱凌, 王兰英. 发展沼气对环保和生态的贡献 [J]. 可再生能源, 2003 (6)：50-52.

[50] 段茂盛, 王革华. 畜禽养殖场沼气工程的温室气体减排效益及利用清洁发展机制 (CDM) 的影响分析 [J]. 太阳能学报, 2003, 24 (3)：386-389.

[51] 段茂盛, 刘德顺. 清洁发展机制中额外性问题探讨 [J]. 上海环境科学, 2003, 22 (4)：250-253.

[52] 吕学都, 刘德顺. 清洁发展机制在中国 [M].北京：清华大学出版社, 2005.

[53] 陈平. 生物质流化床气化机理与工业应用研究 [D]. 中国科学技术大学, 2006.

[54] 樊京春, 王永刚, 高虎. 生物质气化发电的经济效益分析 [J]. 能源工程, 2004 (1)：20-23.

[55] 中国林产工业协会, 国家林业局林产工业规划设计院. 中国人造板产业报告 2015 [J]. 林产工业, 2015, 42 (11)：5-17.

[56] Kadam K L, Forrest L H, Jacobson W A. Rice straw as a lignocellulosic resource：collection, processing, transportation, and environmental aspects [J]. Biomass and Bioenergy, 2000, 58 (18)：369-389.

[57] Abdel-Mohdy F A, Abdel-Halim E S, Abu-Ayana Y M, et al. Rice straw as a new resource for some beneficial uses [J]. Carbohydrate Polymers, 2009, 94 (75)：44-51.

[58] 姚焕德. 浅谈秸秆还田的前景及意义 [J]. 农技服务, 2015, 32 (10)：123.

[59] Pease, Devid A. Resin advances support strawboard development [J]. Wood Technology, 1998, 125 (2)：30-34.

[60] Axel M, Jurgen K. Generation and Utilization of Bio-Fuels-National and International Trends [J]. Clean-Soil, Air, Water, 2007, 35 (5)：413-416.

[61] Xianyang Zeng, Yitai Ma, Lirong Ma. Utilization of straw in biomass energy in China [J]. Renewable and Sustainable Energy Reviews, 2007, 25 (11)：976-987.

[62] Hong Yang, Wudi Zhang, Fang Yin, et al. Energy Potentiality of Crops Straw Resources in Yunnan [J]. Advanced Materials Research, 2012, 1675 (485)：421-424.

[63] 邬雁忠. 丹麦可再生能源应用综述 [J]. 华东电力, 2008, 43 (08)：96-97.

[64] Huang G, Shi J X, Langrish T A. A new pulping process for wheat straw toreduce problems with the discharge of black liquor[J]. Bioresource Technology, 2006, 98

（15）：29 – 36.

[65] Zeng X Y, Ma Y T, Ma L R. Utilization of straw in biomass energy in China ［J］. Renewable and Sustainable Energy Reviews, 2007, 65 （11）：976 – 987.

[66] 唐萍. 秸秆综合利用方案评价 ［D］. 合肥工业大学, 2010.

[67] 李强. 生物质利用产业系统演化与发展研究 ［D］. 清华大学, 2012.

[68] 赵向东. 美国纤维素乙醇产业化发展概况 ［J］. 全球科技经济瞭望, 2009, 24 （09）：34 – 38.

[69] 马振英, 王英, 王健. 秸秆处理技术的发展与启示 ［J］. 中国资源综合利用, 2007, 24 （07）：33 – 37.

[70] 于春燕. 黑龙江作物秸秆不同利用模式下的效益评价 ［D］. 东北农业大学, 2010.

[71] 刘起丽, 段长勇, 张嫣紫, 等. 秸秆还田技术研究进展 ［J］. 河南科技学院学报, 2012, 40 （06）：25 – 27.

[72] 毕于运. 秸秆资源评价与利用研究 ［D］. 中国农业科学院, 2010.

[73] 董宇, 马晶, 张涛, 等. 秸秆利用途径的分析比较 ［J］. 中国农学通报, 2010, 217 （19）：327 – 332.

[74] 国家发展改革委员会. 关于进一步加快推进农作物秸秆综合利用和禁烧工作的通知 ［J］. 再生资源与循环经济, 2015, 96 （12）：4 – 5.

[75] CDM Executive Board. Tool for the demonstration and assessment of additionality-Version 07. 0. 0 ［R/OL］. 2012. http：//cdm. unfccc. int/methodologies/ PAmethodologies/tools/am-tool-01-v7. 0. 0. pdf.

[76] 潘根兴, 张旭辉, 李恋卿, 等. 农业与气候变化的若干科学问题 ［J］. 科学中国人, 2011, 5：23 – 24.

[77] CDM Executive Board. Tool for the demonstration and assessment of additionality-Version 07. 0. 0 ［R/OL］. 2012. http：//cdm. unfccc. int/methodologies/ PAmethodologies/tools/am-tool-01-v7. 0. 0. pdf.

[78] CDM Executive Board. ACM0018：Electricity generation from biomass residues in power-only plants-Version 3. 0 ［R/OL］. 2013. http：//cdm. unfccc. int/ filestorage/V/7/Z/V7ZQEMBOG02UFDW53Y8HJN4A19PLTI/EB76 _ repan09 _ AC M0018_ver% 2003. 0. pdf? t = WDh8bzgxNXlhfDDKSyfrTabz2LYn1IvH9Gp3.

[79] CDM Executive Board. ACM006：Consolidated methodology for electricity and heat generation from biomass-Version 12. 1. 0 ［R/OL］. 2012. http：//cdm. unfccc. int/filestorage/o/w/AL5ZOX4YCPJBM10IRGSN3DUF7E2WQT. pdf/Consolidated% 20methodology% 20for% 20electricity% 20and% 20heat% 20generation% 20from% 20biomass%20residues. pdf? t = eXZ8bzdyejdpf DADYuNzFZT42b9FcPA16BHQ.

［80］ CDM Executive Board. Tool to calculate baseline, project and/or leakage emissions from electricity consumption-Version02. 0 ［R/OL］. 2015. http：//cdm. unfccc. int/methodologies/PAmethodologies/tools/am-tool-05-v2. 0. pdf.

［81］ IPCC. 2003 IPCC Good practice guidance for land use, land use change and forestry ［R/OL］. 2003. http：//www. ipcc-nggip. iges. or. jp/public/gpglulucf/gpglulucf _contents. html.

［82］ 国家发展和改革委员会. 碳汇造林项目方法学 ［R/OL］. 2013. http：//cdm. ccchina. gov. cn/archiver/cdmcn/UpFile/Files/Default/20140219105552690000. pdf.

［83］ 浙江省林业厅. 浙江省人造板耗材折率标准 ［J］. 浙江林业，2002，6：10 – 11.

［84］ CDM Executive Board. Tool to calculate project or leakage CO_2 emissions from fossil fuel combustion-Version 02 ［R/OL］. 2008. http：//cdm. unfccc. int/ methodologies/PAmethodologies/tools/am-tool-03-v2. pdf.

［85］ CDM Executive Board. Project and leakage emissions from transportation of freight-version 01. 1. 0 ［EB/OL］. 2012. http：//cdm. unfccc. int/methodologies/ PAmethodologies/tools/am-tool-12-v1. 1. 0. pdf.

［86］ IPCC. 2006 IPCC Guidelines for National Greenhouse Gas Inventories Volume 4 Agriculture, Forestry and Other Land Use Chapter 2 ［R/OL］. 2006. http：//www. ipcc-nggip. iges. or. jp/public/2006gl/pdf/4_Volume4/V4_02_Ch2_Generic. pdf.

［87］ GB 50827—2012. 刨花板工程设计规范 ［S］.

［88］ GB 50822—2012. 中密度纤维板工程设计规范 ［S］.

附　录

附录一　巴黎协定

巴黎协定
（2015 年 12 月 12 日在巴黎气候变化大会上通过）

本协定缔约方，

作为《联合国气候变化框架公约》（下称"《公约》"）缔约方，

按照《公约》缔约方会议第十七届会议第 1/CP.17 号决定建立的德班加强行动平台，

为实现《公约》目标，并遵循其原则，包括以公平为基础并体现共同但有区别的责任和各自能力的原则，同时要根据不同的国情，

认识到必须根据现有的最佳科学知识，对气候变化的紧迫威胁作出有效和逐渐的应对，

又认识到《公约》所述的发展中国家缔约方的具体需要和特殊情况，特别是那些对气候变化不利影响特别脆弱的发展中国家缔约方的具体需要和特殊情况，

充分考虑到最不发达国家在筹资和技术转让行动方面的具体需要和特殊情况，

认识到缔约方不仅可能受到气候变化的影响，而且还可能受到为应对气候变化而采取的措施的影响，

强调气候变化行动、应对和影响与平等获得可持续发展和消除贫困有着内在的关系，

认识到保障粮食安全和消除饥饿的根本性优先事项，以及粮食生产系统对气候变化不利影响的特殊脆弱性，

考虑到务必根据国家制定的发展优先事项，实现劳动力公正转型以及创造体面工作和高质量就业岗位，

承认气候变化是人类共同关注的问题，缔约方在采取行动处理气候变化时，应当尊重、促进和考虑它们各自对人权、健康权、土著人民权利、当地社区权利、移徙者权利、儿童权利、残疾人权利、弱势人权利、发展权，以及性别平等、妇女赋权和代际公平等的义务，

认识到必须酌情养护和加强《公约》所述的温室气体的汇和库，

注意到必须确保包括海洋在内的所有生态系统的完整性，保护被有些文化认作大地母亲的生物多样性，并注意到在采取行动处理气候变化时关于"气候公正"的某些概念的重要性，

申明必须就本协定处理的事项在各级开展教育、培训、宣传，公众参与和公众获得信息和合作，认识到在本协定处理的事项方面让各级参与的重要性，

认识到按照缔约方各自的国内立法使各级政府和各行为方参与处理气候的重要性，

又认识到在发达国家缔约方带头下的可持续生活方式以及可持续的消费和生产模式，对处理气候变化所发挥的重要作用，

协定如下：

第一条

为本协定的目的，《公约》第一条所载的定义都应适用。此外：

1. "公约"指1992年5月9日在纽约通过的《联合国气候变化框架公约》；

2. "缔约方会议"指《公约》缔约方会议；

3. "缔约方"指本协定缔约方。

第二条

1. 本协定在加强《公约》，包括其目标的执行方面，旨在联系可持续发展和消除贫困的努力，加强对气候变化威胁的全球应对，包括：

（a）把全球平均气温升幅控制在工业化前水平以上低于2℃之内，并努力将气温升幅限制在工业化前水平以上1.5℃之内，同时认识到这将大大减少气候变化的风险和影响；

（b）提高适应气候变化不利影响的能力并以不威胁粮食生产的方式增强气候抗御力和温室气体低排放发展；

（c）使资金流动符合温室气体低排放和气候适应型发展的路径。

2. 本协定的执行将按照不同的国情体现平等以及共同但有区别的责任和各自的原则。

第三条

作为全球应对气候变化的国家自主贡献，所有缔约方将保证并通报第四条、第七条、第九条、第十条、第十一条和第十三条所界定的有力度的努力，以实现本协定第二条所述的目的。所有缔约方的努力将随着时间的推移而逐渐增加，同时认识到需要支持发展中国家缔约方，以有效执行本协定。

第四条

1. 为了实现第二条规定的长期气温目标，缔约方旨在尽快达到温室气体排放的全球峰值，同时认识到达峰对发展中国家缔约方来说需要更长的时间；此后利用现有的最佳科学迅速减排，以联系可持续发展和消除贫困，在平等的基础上，在21世

纪下半叶实现温室气体源的人为排放与汇的清除之间的平衡。

2. 各缔约方应编制、通报并保持它打算实现的下一次国家自主贡献。缔约方应采取国内减缓措施，以实现这种贡献的目标。

3. 各缔约方下一次的国家自主贡献将按不同的国情，逐步增加缔约方当前的国家自主贡献，并反映其尽可能大的力度，同时反映其共同但有区别的责任和各自能力。

4. 发达国家缔约方应当继续带头，努力实现全经济绝对减排目标。发展中国家缔约方应当继续加强它们的减缓努力，应鼓励它们根据不同的国情，逐渐实现全经济绝对减排或限排目标。

5. 应向发展中国家缔约方提供支助，以根据本协定第九条、第十条和第十一条执行本条，同时认识到增强对发展中国家缔约方的支助，将能够加大它们的行动力度。

6. 最不发达国家和小岛屿发展中国家可编制和通报反映它们特殊情况的关于温室气体低排放发展的战略、计划和行动。

7. 从缔约方的适应行动和/或经济多样化计划中获得的减缓共同收益，能促进本条下的减缓成果。

8. 在通报国家自主贡献时，所有缔约方应根据第1/CP.21号决定和作为《巴黎协定》缔约方会议的《公约》缔约方会议的任何有关决定，为清晰、透明和了解而提供必要的信息。

9. 各缔约方应根据第1/CP.21号决定和作为《巴黎协定》缔约方会议的《公约》缔约方会议的任何有关决定，并参照第十四条所述的全球总结的结果，每五年通报一次国家自主贡献。

10. 作为《巴黎协定》缔约方会议的《公约》缔约方会议应在第一届会议上审议国家自主贡献的共同时间框架。

11. 缔约方可根据作为《巴黎协定》缔约方会议的《公约》缔约方会议通过的指导，随时调整其现有的国家自主贡献，以加强其力度水平。

12. 缔约方通报的国家自主贡献应记录在秘书处保持的一个公共登记册上。

13. 缔约方应核算它们的国家自主贡献。在核算相当于它们国家自主贡献中的人为排放量和清除量时，缔约方应促进环境完整性、透明、精确、完整、可比和一致性，并确保根据作为《巴黎协定》缔约方会议的《公约》缔约方会议通过的指导避免双重核算。

14. 在国家自主贡献方面，当缔约方在承认和执行人为排放和清除方面的减缓行动时，应当按照本条第13款的规定，酌情考虑《公约》下的现有方法和指导。

15. 缔约方在执行本协定时，应考虑那些经济受应对措施影响最严重的缔约方，特别是发展中国家缔约方关注的问题。

16. 缔约方,包括区域经济一体化组织及其成员国,凡是达成了一项协定,根据条第 2 款联合采取行动的,均应在它们通报国家自主贡献时,将该协定的条款秘书处,包括有关时期内分配给各缔约方的排放量。再应由秘书处向《公约》的缔约方和签署方通报该协定的条款。

17. 以上第 16 款提及的这种协定的各缔约方应根据本条第 13 款和第 14 款以及第十三条和第十五条对该协定为它规定的排放水平承担责任。

18. 如果缔约方在一个其本身是本协定缔约方的区域经济一体化组织的框架内与该组织一起,采取联合行动开展这项工作,那么该区域经济一体化组织的各国单独并与该区域经济一体化组织一起,应根据本条第 13 款和第 14 款以及第十三条和第十五条,对根据本条第 16 款通报的协定为它规定的排放量承担责任。

19. 所有缔约方应努力拟定并通报长期温室气体低排放发展战略,同时注意第二条,根据不同国情,考虑它们共同但有区别的责任和各自能力。

第五条

1. 缔约方应当采取行动酌情养护和加强《公约》第四条第 1 款 d 项所述的温室气体的汇和库,包括森林。

2. 鼓励缔约方采取行动,包括通过基于成果的支付,执行和支持在《公约》下已确定的有关指导和决定中提出的有关以下方面的现有框架:为减少毁林和森林退化造成的排放所涉活动采取的政策方法和积极奖励措施,以及发展中国家养护、可持续管理森林和增强森林碳储量的作用;执行和支持替代政策方法,如关于综合和可持续森林管理的联合减缓和适应方法,同时重申酌情奖励与这种方法相关的非碳收益的重要性。

第六条

1. 缔约方认识到,有些缔约方选择自愿合作执行它们的国家自主贡献,以能够提高它们减缓和适应行动的力度,并促进可持续发展和环境完整。

2. 缔约方如果在自愿的基础上采取合作方法,并使用国际转让的减缓成果来实现国家自主贡献,就应促进可持续发展,确保环境完整和透明,包括在治理方面,并应运用稳健的核算,以主要依作为《巴黎协定》缔约方会议的《公约》缔约方会议通过的指导确保避免双重核算。

3. 使用国际转让的减缓成果来实现本协定下的国家自主贡献,应是自愿的,并得到参加的缔约方的允许的。

4. 兹在作为《巴黎协定》缔约方会议的《公约》缔约方会议的授权和指导下,建立一个机制,供缔约方自愿使用,以促进温室气体排放的减缓,支持可持续发展。它应受作为《巴黎协定》缔约方会议的《公约》缔约方会议指定的一个机构的监督,应旨在:

(a)促进减缓温室气体排放,同时促进可持续发展;

（b）奖励和便利缔约方授权下的公私实体参与减缓温室气体排放；

（c）促进东道缔约方减少排放量，以便从减缓活动导致的减排中受益，这也可以被另一缔约方用来履行其国家自主贡献；

（d）实现全球排放的全面减缓。

5. 从本条第 4 款所述的机制产生的减排，如果被另一缔约方用作表示其国家自主贡献的实现情况，则不应再被用作表示东道缔约方自主贡献的实现情况。

6. 作为《巴黎协定》缔约方会议的《公约》缔约方会议应确保本条第 4 款所述机制下开展的活动所产生的一部分收益用于负担行政开支，以及援助对气候变化不利影响特别脆弱的发展中国家缔约方支付适应费用。

7. 作为《巴黎协定》缔约方会议的《公约》缔约方会议应在第一届会议上通过本条第 4 款所述机制的规则、模式和程序。

8. 缔约方认识到，在可持续发展和消除贫困方面，必须以协调和有效的方式向缔约方提供综合、整体和平衡的非市场方法，包括酌情主要通过，减缓、适应、融资、技术转让和能力建设，以协助执行它们的国家自主贡献。这些方法应旨在：

（a）提高减缓和适应力度；

（b）加强公私部门参与执行国家自主贡献；

（c）创造各种手段和有关体制安排之间协调的机会。

9. 兹确定一个本条第 8 款提及的可持续发展非市场方法的框架，以推广非市场方法。

第七条

1. 缔约方兹确立关于提高适应能力、加强抗御力和减少对气候变化的脆弱性的全球适应目标，以促进可持续发展，并确保在第二条所述气温目标方面采取适当的适应对策。

2. 缔约方认识到，适应是所有各方面临的全球挑战，具有地方、次国家、国家、区域和国际层面，它是为保护人民、生计和生态系统而采取的气候变化长期全球应对措施的关键组成部分和促进因素，同时也要考虑到对气候变化不利影响特别脆弱的发展中国家迫在眉睫的需要。

3. 应根据作为《巴黎协定》缔约方会议的《公约》缔约方会议第一届会议通过的模式承认发展中国家的适应努力。

4. 缔约方认识到，当前的适应需要很大，提高减缓水平能减少对额外适应努力的需要，增大适应需要可能会增加适应成本。

5. 缔约方承认，适应行动应当遵循一种国家驱动、注重性别问题、参与型和充分透明的方法，同时考虑到脆弱群体、社区和生态系统，并应当基于和遵循现有的最佳科学，以及适当的传统知识、土著人民的知识和地方知识系统，以期将适应酌情纳入相关的社会经济和环境政策以及行动中。

6. 缔约方认识到必须支持适应努力并开展适应努力方面的国际合作,必须考虑发展中国家缔约方的需要,特别是对气候变化不利影响特别脆弱的发展中国家的需要。

7. 缔约方应当加强它们在增强适应行动方面的合作,同时考虑到《坎昆适应框架》,包括在下列方面:

(a)交流信息、良好做法、获得的经验和教训,酌情包括与适应行动方面的科学、规划、政策和执行等相关的信息、良好做法、获得的经验和教训;

(b)加强体制安排,包括《公约》下服务于本协定的体制安排,以支持相关信息和知识的综合,并为缔约方提供技术支助和指导;

(c)加强关于气候的科学知识,包括研究、对气候系统的系统观测和预警系统,以便为气候服务提供参考,并支持决策;

(d)协助发展中国家缔约方确定有效的适应做法、适应需要、优先事项、为适应行动和努力提供和得到的支助、挑战和差距,其方式应符合鼓励良好做法;

(e)提高适应行动的有效性和持久性。

8. 鼓励联合国专门组织和机构支持缔约方努力执行本条第7款所述的行动,同时考虑到本条第5款的规定。

9. 各缔约方应酌情开展适应规划进程并采取各种行动,包括制订或加强相关的计划、政策和/或贡献,其中可包括:

(a)落实适应行动、任务和/或努力;

(b)关于制订和执行国家适应计划的进程;

(c)评估气候变化影响和脆弱性,以拟订国家制定的优先行动,同时考虑到处于脆弱地位的人民、地方和生态系统;

(d)监测和评价适应计划、政策、方案和行动并从中学习;

(e)建设社会经济和生态系统的抗御力,包括通过经济多样化和自然资源的可持续管理。

10. 各缔约方应当酌情定期提交和更新一项适应信息通报,其中可包括其优先事项、执行和支助需要、计划和行动,同时不对发展中国家缔约方造成额外负担。

11. 本条第10款所述适应信息通报应酌情定期提交和更新,纳入或结合其他信息通报或文件提交,其中包括国家适应计划、第四条第2款所述的一项国家自主贡献和/或一项国家信息通报。

12. 本条第10款所述的适应信息通报应记录在一个由秘书处保持的公共登记册上。

13. 根据本协定第九条、第十条和第十一条的规定,发展中国家缔约方在执行本条第7款、第9款、第10款和第11款时应得到持续和加强的国际支持。

14. 第十四条所述的全球总结,除其他外应:

（a）承认发展中国家缔约方的适应努力；

（b）加强开展适应行动，同时考虑本条第 10 款所述的适应信息通报；

（c）审评适应的适足性和有效性以及对适应提供的支助情况；

（d）审评在实现本条第 1 款所述的全球适应目标方面所取得的总体进展。

第八条

1. 缔约方认识到避免、尽量减轻和处理与气候变化（包括极端气候事件和缓发不利影响相关的损失和损害的重要性，以及可持续发展对于减少损失和损害的作用。

2. 气候变化影响相关损失和损害华沙国际机制应受作为《巴黎协定》缔约方的《公约》缔约方会议的领导和指导，并由作为《巴黎协定》缔约方会议的《缔约方会议决定予以加强。

3. 缔约方应当在合作和提供便利的基础上，包括酌情通过华沙国际机制，在变化不利影响所涉损失和损害方面加强理解、行动和支持。

4. 据此，为加强理解、行动和支持而开展合作和提供便利的领域包括以下方面：

（a）预警系统；

（b）应急准备；

（c）缓发事件；

（d）可能涉及不可逆转和永久性损失和损害的事件；

（e）综合性风险评估和管理；

（f）风险保险设施，气候风险分担安排和其他保险方案；

（g）非经济损失；

（h）社区的抗御力、生计和生态系统。

5. 华沙国际机制应与本协定下现有机构和专家小组以及本协定以外的有关组织和专家机构协作。

第九条

1. 发达国家缔约方应为协助发展中国家缔约方减缓和适应两方面提供资金，以便继续履行在《公约》下的现有义务。

2. 鼓励其他缔约方自愿提供或继续提供这种支助。

3. 作为全球努力的一部分，发达国家缔约方应继续带头，从各种大量来源、手段及渠道调动气候资金，同时注意到公共基金通过采取各种行动，包括支持国家驱动战略而发挥的重要作用，并考虑发展中国家缔约方的需要和优先事项。对气候资金的这一调动应当逐步超过先前的努力。

4. 提供规模更大的资金资源，应旨在实现适应与减缓之间的平衡，同时考虑国家驱动战略以及发展中国家缔约方的优先事项和需要，尤其是那些对气候变化不利影响特别脆弱和受到严重的能力限制的发展中国家缔约方，如最不发达国家，小岛屿发展中国家的优先事项和需要，同时也考虑为适应提供公共资源和基于赠款的资源的需要。

5. 发达国家缔约方应适当根据情况，每两年对与本条第 1 款和第 3 款相关的指示性定量定质信息进行通报，包括向发展中国家缔约方提供的公共财政资源方面可获得的预测水平。鼓励其他提供资源的缔约方也自愿每两年通报一次这种信息。

6. 第十四条所述的全球总结应考虑发达国家缔约方和/或本协定的机构提供的关于气候资金所涉努力方面的有关信息。

7. 发达国家缔约方应按照作为《巴黎协定》缔约方会议的《公约》缔约方会议第一届会议根据第十三条第 13 款的规定通过的模式、程序和指南，就通过公共干预措施向发展中国家提供和调动支助的情况，每两年提供透明一致的信息。鼓励其他缔约方也这样做。

8. 《公约》的资金机制，包括其经营实体，应作为本协定的资金机制。

9. 为本协定服务的机构，包括《公约》资金机制的经营实体，应旨在通过精简审批程序和提供进一步准备支助发展中国家缔约方，尤其是最不发达国家和小岛屿发展中国家，来确保它们在国家气候战略和计划方面有效地获得资金。

第十条

1. 缔约方共有一个长期愿景，即必须充分落实技术开发和转让，以改善对气候变化的抗御力和减少温室气体排放。

2. 注意到技术对于执行本协定下的减缓和适应行动的重要性，并认识到现有的技术部署和推广工作，缔约方应加强技术开发和转让方面的合作行动。

3. 《公约》下设立的技术机制应为本协定服务。

4. 兹建立一个技术框架，为技术机制在促进和便利技术开发和转让的强化行动方面的工作提供总体指导，以根据本条第 1 款所述的长期愿景，支持本协定的执行。

5. 加快、鼓励和扶持创新，对有效、长期的全球应对气候变化，以及促进经济增长和可持续发展至关重要。应对这种努力酌情提供支助，包括由技术机制和由《公约》资金机制通过资金手段提供支助，以便采取协作性方法开展研究和开发，以及便利获得技术，特别是在技术周期的早期阶段便利发展中国家缔约方获得技术。

6. 应向发展中国家缔约方提供支助，包括提供资金支助，以执行本条，包括在技术周期不同阶段的技术开发和转让方面加强合作行动，从而在支助减缓和适应之间实现平衡。第十四条提及的全球总结应考虑为发展中国家缔约方的技术开发和转让提供支助方面的现有信息。

第十一条

1. 本协定下的能力建设应当加强发展中国家缔约方，特别是能力最弱的国家，如最不发达国家，以及对气候变化不利影响特别脆弱的国家，如小岛屿发展中国家等的能力，以便采取有效的气候变化行动，其中主要包括执行适应和减缓行动，并应当便利技术开发、推广和部署、获得气候资金、教育、培训和公共宣传的有关方面，以及透明、及时和准确的信息通报。

2. 能力建设，尤其是针对发展中国家缔约方的能力建设，应当由国家驱动，依据并响应国家需要，并促进缔约方的本国自主，包括在国家、次国家和地方层面。能力建设应当以获得的经验教训为指导，包括从《公约》下能力建设活动中获得的经验教训，并应当是一个参与型、贯穿各领域和注重性别问题的有效和叠加的进程。

3. 所有缔约方应当合作，以加强发展中国家缔约方执行本协定的能力。发达国家缔约方应当加强对发展中国家缔约方能力建设行动的支助。

4. 所有缔约方，凡在加强发展中国家缔约方执行本协定的能力，包括采取区域、双边和多边方式的，均应定期就这些能力建设行动或措施进行通报。发展中国家缔约方应当定期通报为执行本协定而落实能力建设计划、政策、行动或措施的进展情况。

5. 应通过适当的体制安排，包括《公约》下为服务于本协定所建立的有关体制安排，加强能力建设活动，以支持对本协定的执行。作为《巴黎协定》缔约方会议的《公约》缔约方会议应在第一届会议上审议并就能力建设的初始体制安排通过一项决定。

第十二条

缔约方应酌情合作采取措施，加强气候变化教育、培训、公共宣传、公众参与和公众获取信息，同时认识到这些步骤对于加强本协定下的行动的重要性。

第十三条

1. 为建立互信并促进有效执行，兹设立一个关于行动和支助的强化透明度框架，并内置一个灵活机制，以考虑进缔约方能力的不同，并以集体经验为基础。

2. 透明度框架应为发展中国家缔约方提供灵活性，以利于由于其能力问题而需要这种灵活性的那些发展中国家缔约方执行本条规定。本条第 13 款所述的模式、程序和指南应反映这种灵活性。

3. 透明度框架应依托和加强在《公约》下设立的透明度安排，同时认识到最不发达国家和小岛屿发展中国家的特殊情况，以促进性、非侵入性、非惩罚性和尊重国家主权的方式实施，并避免对缔约方造成不当负担。

4. 《公约》下的透明度安排，包括国家信息通报、两年期报告和两年期更新报告、国际评估和审评以及国际协商和分析，应成为制定本条第 13 款下的模式、程序和指南时加以借鉴的经验的一部分。

5. 行动透明度框架的目的是按照《公约》第二条所列目标，明确了解气候变化行动，包括明确和追踪缔约方在第四条下实现各自国家自主贡献方面所取得进展；以及缔约方在第七条之下的适应行动，包括良好做法、优先事项、需要和差距，以便为第十四条下的全球总结提供参考。

6. 支助透明度框架的目的是明确各相关缔约方在第四条、第七条、第九条、第十条和第十一条下的气候变化行动方面提供和收到的支助，并尽可能反映所提供的累计资金支助的全面概况，以便为第十四条下的全球总结提供参考。

7. 各缔约方应定期提供以下信息：

（a）利用政府间气候变化专门委员会接受并由作为《巴黎协定》缔约方会议的《公约》缔约方会议商定的良好做法而编写的一份温室气体源的人为排放量和汇的清除量的国家清单报告；

（b）跟踪在根据第四条执行和实现国家自主贡献方面取得的进展所必需的信息。

8. 各缔约方还应当酌情提供与第七条下的气候变化影响和适应相关的信息。

9. 发达国家缔约方应，提供支助的其他缔约方应当就根据第九条、第十条和第十一条向发展中国家缔约方提供资金、技术转让和能力建设支助的情况提供信息。

10. 发展中国家缔约方应当就在第九条、第十条和第十一条下需要和接受的资金、技术转让和能力建设支助情况提供信息。

11. 应根据第 1/CP. 21 号决定对各缔约方根据本条第 7 款和第 9 款提交的信息进行技术专家审评。对于那些由于能力问题而对此有需要的发展中国家缔约方，这一审评进程应包括查明能力建设需要方面的援助。此外，各缔约方应参与促进性的多方审议，以对第九条下的工作以及各自执行和实现国家自主贡献的进展情况进行审议。

12. 本款下的技术专家审评应包括适当审议缔约方提供的支助，以及执行和实现国家自主贡献的情况。审评也应查明缔约方需改进的领域，并包括审评这种信息是否与本条第 13 款提及的模式、程序和指南相一致，同时考虑在本条第 2 款下给予缔约方的灵活性。审评应特别注意发展中国家缔约方各自的国家能力和国情。

13. 作为《巴黎协定》缔约方会议的《公约》缔约方会议应在第一届会议上根据《公约》下透明度相关安排取得的经验，详细拟定本条的规定，酌情为行动和支助的透明度通过通用的模式、程序和指南。

14. 应为发展中国家执行本条提供支助。

15. 应为发展中国家缔约方建立透明度相关能力提供持续支助。

第十四条

1. 作为《巴黎协定》缔约方会议的《公约》缔约方会议应定期总结本协定的执行情况，以评估实现本协定宗旨和长期目标的集体进展情况（称为"全球总结"）。评估工作应以全面和促进性的方式开展，同时考虑减缓、适应问题以及执行和支助的方式问题，并顾及公平和利用现有的最佳科学。

2. 作为《巴黎协定》缔约方会议的《公约》缔约方会议应在 2023 年进行第一次全球总结，此后每五年进行一次，除非作为《巴黎协定》缔约方会议的《公约》

缔约方会议另有决定。

3. 全球总结的结果应为缔约方提供参考，以国家自主的方式根据本协定的有关规定更新和加强它们的行动和支助，以及加强气候行动的国际合作。

第十五条

1. 兹建立一个机制，以促进执行和遵守本协定的规定。

2. 本条第 1 款所述的机制应由一个委员会组成，应以专家为主，并且是促进性的，行使职能时采取透明、非对抗的、非惩罚性的方式。委员会应特别关心缔约方各自的国家能力和情况。

3. 该委员会应在作为《巴黎协定》缔约方会议的《公约》缔约方会议第一届会议通过的模式和程序下运作，每年向作为《巴黎协定》缔约方会议的《公约》缔约方会议提交报告。

第十六条

1. 《公约》缔约方会议——《公约》的最高机构，应作为本协定缔约方会议。

2. 非本协定缔约方的《公约》缔约方，可作为观察员参加作为本协定缔约方会议的《公约》缔约方会议的任何届会的议事工作。在《公约》缔约方会议作为本协定缔约方会议时，在本协定之下的决定只应由为本协定缔约方者作出。

3. 在《公约》缔约方会议作为本协定缔约方会议时，《公约》缔约方会议主席团中代表《公约》缔约方但在当时非为本协定缔约方的任何成员，应由本协定缔约方从本协定缔约方中选出的另一成员替换。

4. 作为《巴黎协定》缔约方会议的《公约》缔约方会议应定期审评本协定的执行情况，并应在其授权范围内作出为促进本协定有效执行所必要的决定。作为《巴黎协定》缔约方会议的《公约》缔约方会议应履行本协定赋予它的职能，并应：

（a）设立为履行本协定而被认为必要的附属机构；

（b）行使为履行本协定所需的其他职能。

5. 《公约》缔约方会议的议事规则和依《公约》规定采用的财务规则，应在本协定下比照适用，除非作为《巴黎协定》缔约方会议的《公约》缔约方会议以协商一致方式可能另外作出决定。

6. 作为《巴黎协定》缔约方会议的《公约》缔约方会议第一届会议，应由秘书处结合本协定生效之日后预定举行的《公约》缔约方会议第一届会议召开。其后作为《巴黎协定》缔约方会议的《公约》缔约方会议常会，应与《公约》缔约方会议常会结合举行，除非作为《巴黎协定》缔约方会议的《公约》缔约方会议另有决定。

7. 作为《巴黎协定》缔约方会议的《公约》缔约方会议特别会议，将在作为《巴黎协定》缔约方会议的《公约》缔约方会议认为必要的其他任何时间举行，或应任何缔约方的书面请求而举行，但须在秘书处将该要求转达给各缔约方后六个月内得到至少三分之一缔约方的支持。

8. 联合国及其专门机构和国际原子能机构，以及它们的非为《公约》缔约方的成员国或观察员，均可派代表作为观察员出席作为《巴黎协定》缔约方会议的《公约》缔约方会议的各届会议。任何在本协定所涉事项上具备资格的团体或机构，无论是国家或国际的、政府或非政府的，经通知秘书处其愿意派代表作为观察员出席作为《巴黎协定》缔约方会议的《公约》缔约方会议的某届会议，均可予以接纳，除非出席的缔约方至少三分之一反对。观察员的接纳和参加应遵循本条第 5 款所指的议事规则。

第十七条

1. 依《公约》第八条设立的秘书处，应作为本协定的秘书处。

2. 关于秘书处职能的《公约》第八条第 2 款和关于就秘书处行使职能作出的安排的《公约》第八条第 3 款，应比照适用于本协定。秘书处还应行使本协定和作为《巴黎协定》缔约方会议的《公约》缔约方会议所赋予它的职能。

第十八条

1. 《公约》第九条和第十条设立的附属科学技术咨询机构和附属履行机构，应分别作为本协定附属科学技术咨询机构和附属履行机构。《公约》关于这两个机构行使职能的规定应比照适用于本协定。本协定的附属科学技术咨询机构和附属履行机构的届会，应分别与《公约》的附属科学技术咨询机构和附属履行机构的会议结合举行。

2. 非为本协定缔约方的《公约》缔约方可作为观察员参加附属机构任何届会的议事工作。在附属机构作为本协定附属机构时，本协定下的决定只应由本协定缔约方作出。

3. 《公约》第九条和第十条设立的附属机构行使它们的职能处理涉及本协定的事项时，附属机构主席团中代表《公约》缔约方但当时非为本协定缔约方的任何成员，应由本协定缔约方从本协定缔约方中选出的另一成员替换。

第十九条

1. 除本协定提到的附属机构和体制安排外，根据《公约》或在《公约》下设立的附属机构或其他体制安排按照作为《巴黎协定》缔约方会议的《公约》缔约方会议的决定，应为本协定服务。作为《巴黎协定》缔约方会议的《公约》缔约方会议应明确规定此种附属机构或安排所要行使的职能。

2. 作为《巴黎协定》缔约方会议的《公约》缔约方会议可为这些附属机构和体制安排提供进一步指导。

第二十条

1. 本协定应开放供属于《公约》缔约方的各国和区域经济一体化组织签署并须经其批准、接受或核准。本协定应自 2016 年 4 月 22 日至 2017 年 4 月 21 日在纽约联合国总部开放供签署。此后，本协定应自签署截止日之次日起开放供加入。批准、接受、核准或加入的文书应交存保存人。

2. 任何成为本协定缔约方而其成员国均非缔约方的区域经济一体化组织应受本协定一切义务的约束。如果区域经济一体化组织的一个或多个成员国为本协定的缔约方，该组织及其成员国应决定各自在履行本协定义务方面的责任。在此种情况下，该组织及其成员国无权同时行使本协定规定的权利。

3. 区域经济一体化组织应在其批准、接受、核准或加入的文书中声明其在本协定所规定的事项方面的权限。此类组织还应将其权限范围的任何重大变更通知保存人，保存人应再通知各缔约方。

第二十一条

1. 本协定应在不少于 55 个《公约》缔约方，包括其合计共占全球温室气体总排放量的至少约 55% 的《公约》缔约方交存其批准、接受、核准或加入文书之日后第三十天起生效。

2. 只为本条第 1 款的有限目的，"全球温室气体总排放量"指在《公约》缔约方通过本协定之日或之前最新通报的数量。

3. 对于在本条第 1 款规定的生效条件达到之后批准、接受、核准或加入本协定的每一国家或区域经济一体化组织，本协定应自该国家或区域经济一体化组织批准、接受、核准或加入的文书交存之日后第三十天起生效。

4. 为本条第 1 款的目的，区域经济一体化组织交存的任何文书，不应被视为其成员国所交存文书之外的额外文书。

第二十二条

《公约》第十五条关于通过对《公约》的修正的规定应比照适用于本协定。

第二十三条

1.《公约》第十六条关于《公约》附件的通过和修正的规定应比照适用于本协定。

2. 本协定的附件应构成本协定的组成部分，除另有明文规定外，凡提及本协定，即同时提及其任何附件。这些附件应限于清单、表格和属于科学、技术、程序或行政性质的任何其他说明性材料。

第二十四条

《公约》关于争端的解决的第十四条的规定应比照适用于本协定。

第二十五条

1. 除本条第 2 款所规定外，每个缔约方应有一票表决权。

2. 区域经济一体化组织在其权限内的事项上应行使票数与其作为本协定缔约方的成员国数目相同的表决权。如果一个此类组织的任一成员国行使自己的表决权，则该组织不得行使表决权，反之亦然。

第二十六条

联合国秘书长应为本协定的保存人。

第二十七条

对本协定不得作任何保留。

第二十八条

1. 自本协定对一缔约方生效之日起三年后，该缔约方可随时向保存人发出书面通知退出本协定。

2. 任何此种退出应自保存人收到退出通知之日起一年期满时生效，或在退出通知中所述明的更后日期生效。

3. 退出《公约》的任何缔约方，应被视为亦退出本协定。

第二十九条

本协定正本应交存于联合国秘书长，其阿拉伯文、中文、英文、法文、俄文和西班牙文文本同等作准。

二〇一五年十二月十二日订于巴黎。

下列签署人，经正式授权，于规定的日期在本协定书上签字，以昭信守。

附录二　京都议定书

京都议定书

（2007 年 12 月 11 日在京都通过）

本议定书各缔约方，作为《联合国气候变化框架公约》（以下简称《公约》）缔约方，为实现《公约》第二条所述的最终目标，以及《公约》的各项规定，在《公约》第三条的指导下，按照《公约》缔约方会议第一届会议在第 1/CP. 1 号决定中通过的"柏林授权"，兹协议如下：

第一条

为本议定书的目的，《公约》第一条所载定义应予适用。此外：

1. "缔约方会议"指《公约》缔约方会议。

2. "公约"指 1992 年 5 月 9 日在纽约通过的《联合国气候变化框架公约》。

3. "政府间气候变化专门委员会"指世界气象组织和联合国环境规划署 1988 年联合设立的政府之间气候变化专门委员会。

4. "蒙特利尔议定书"指 1987 年 9 月 16 日在蒙特利尔通过、后经调整和修正的《关于消耗臭氧层物质的蒙特利尔议定书》。

5. "出席并参加表决的缔约方"指出席会议并投赞成票或反对票的缔约方。

6. "缔约方"指本议定书缔约方，除非文中另有说明。

7. "附件一所列缔约方"指《公约》附件一所列缔约方，包括可能作出的修正，或指根据《公约》第四条第 2 款（g）项作出通知的缔约方。

第二条

1. 附件一所列每一缔约方，在实现第三条所述关于其量化的限制和减少排放的承诺时，为促进可持续发展，应：

（a）根据本国情况执行和/或进一步制订政策和措施，诸如：

（一）增强本国经济有关部门的能源效率；

（二）保护和增强《蒙特利尔议定书》未予管制的温室气体的汇和库，同时考虑到其依有关的国际环境协议作出的承诺；促进可持续森林管理的做法、造林和再造林；

（三）在考虑到气候变化的情况下促进可持续农业方式；

（四）研究、促进、开发和增加使用新能源和可再生的能源、二氧化碳固碳技术和有益于环境的先进的创新技术；

（五）逐步减少或逐步消除所有的温室气体排放部门违背《公约》目标的市场缺陷、财政激励、税收和关税免除及补贴，并采用市场手段；

（六）鼓励有关部门的适当改革，旨在促进用以限制或减少《蒙特利尔议定书》未予管制的温室气体的排放的政策和措施；

（七）采取措施在运输部门限制和/或减少《蒙特利尔议定书》未予管制的温室气体排放；

（八）通过废物管理及能源的生产、运输和分配中的回收和利用限制和/或减少甲烷排放；

（b）根据《公约》第四条第 2 款（e）项第（一）目，同其他此类缔约方合作，以增强它们依本条通过的政策和措施的个别和合并的有效性。为此目的，这些缔约方应采取步骤分享它们关于这些政策和措施的经验并交流信息，包括设法改进这些政策和措施的可比性、透明度和有效性。作为本议定书缔约方会议的《公约》缔约方会议，应在第一届会议上或在此后一旦实际可行时，审议便利这种合作的方法，同时考虑到所有相关信息。

2. 附件一所列缔约方应分别通过国际民用航空组织和国际海事组织作出努力，谋求限制或减少航空和航海舱载燃料产生的《蒙特利尔议定书》未予管制的温室气体的排放。

3. 附件一所列缔约方应以下述方式努力履行本条中所指政策和措施，即最大限度地减少各种不利影响，包括对气候变化的不利影响、对国际贸易的影响，以及对其他缔约方尤其是发展中国家缔约方和《公约》第四条第 8 款和第 9 款中所特别指明的那些缔约方的社会、环境和经济影响，同时考虑到《公约》第三条。作为本议定书缔约方会议的《公约》缔约方会议可以酌情采取进一步行动促进本款规定的实施。

4. 作为本议定书缔约方会议的《公约》缔约方会议如断定就上述第 1 款（a）项中所指任何政策和措施进行协调是有益的，同时考虑到不同的国情和潜在影响，应就阐明协调这些政策和措施的方式和方法进行审议。

第三条

1. 附件一所列缔约方应个别地或共同地确保其在附件 A 中所列温室气体的人为二氧化碳当量排放总量不超过按照附件 B 中所载其量化的限制和减少排放的承诺和根据本条的规定所计算的其分配数量，以使其在 2008 年至 2012 年承诺期内这些气体的全部排放量从 1990 年水平至少减少 5%。

2. 附件一所列每一缔约方到 2005 年时，应在履行其依本议定书规定的承诺方面作出可予证实的进展。

3. 自 1990 年以来直接由人引起的土地利用变化和林业活动——限于造林、重新造林和砍伐森林，产生的温室气体源的排放和碳吸收方面的净变化，作为每个承诺期碳贮存方面可核查的变化来衡量，应用以实现附件一所列每一缔约方依本条规定的承诺。与这些活动相关的温室气体源的排放和碳的清除，应以透明且可核查的方式作出报告，并依第七条和第八条予以审评。

4. 在作为本议定书缔约方会议的《公约》缔约方会议第一届会议之前，附件一所列每缔约方应提供数据供附属科技咨询机构审议，以便确定其 1990 年的碳贮存并能对其以后各年的碳贮存方面的变化作出估计。作为本议定书缔约方会议的《公约》缔约方会议，应在第一届会议或在其后一旦实际可行时，就涉及与农业土壤和土地利用变化和林业类各种温室气体源的排放和各种汇的清除方面变化有关的哪些因人引起的其他活动，应如何加到附件一所列缔约方的分配数量中或从中减去的方式、规则和指南作出决定，同时考虑到各种不确定性、报告的透明度、可核查性、政府间气候变化专门委员会方法学方面的工作、附属科技咨询机构根据第五条提供的咨询意见以及《公约》缔约方会议的决定。此项决定应适用于第二个和以后的承诺期。一缔约方可为其第一个承诺期这些额外的因人引起的活动选择适用此项决定，但这些活动须自 1990 年以来已经进行。

5. 其基准年或期间系根据《公约》缔约方会议第二届会议第 9/CP. 2 号决定确定的、正在向市场经济过渡的附件一所列缔约方在履其本条中的承诺时应以该基准年或期间为准。正在向市场经济过渡但尚未依《公约》第十二条提交其第一次国家信息通报的附件一所列任何其他缔约方也可通知作为本议定书缔约方会议的《公约》缔约方会议它有意为履行依本条规定的承诺使用除 1990 年以外的某一历史基准年或期间。作为本议定书缔约方会议的《公约》缔约方会议应就这种通知的接受作出决定。

6. 考虑到《公约》第四条第 6 款，作为本议定书缔约方会议的《公约》缔约方会议，应允许正在向市场经济过渡的附件一所列缔约方在履行其除本条规定的那些承诺以外的承诺方面有一定程度的灵活性。

7. 在从 2008 年至 2012 年第一个量化的限制和减少排放的承诺期内，附件一所列每一缔约方的分配数量应等于在附件 B 中对附件 A 所列温室气体在 1990 年或按照上述第 5 款确定的基准年或基准期内其人为二氧化碳当量的排放总量所载的其百分比乘以 5。土地利用变化和林业对其构成 1990 年温室气体排放净源的附件一所列那些缔约方，为计算其分配数量的目的，应在它们 1990 年排放基准年或基准期计入各种源的人为二氧化碳当量排放总量减去 1990 年土地利用变化产生的各种汇的清除。

8. 附件一所列任一缔约方，为上述第 7 款所指计算的目的，可使用 1995 年作为其氢氟碳化物、全氟化碳和六氟化硫的基准年。

9. 附件一所列缔约方对以后期间的承诺应在对本议定书附件 B 的修正中加以确定，此类修正应根据第二十一条第 7 款的规定予以通过。作为本议定书缔约方会议的《公约》缔约方会议应至少在上述第 1 款中所指第一个承诺期结束之前七年开始审议此类承诺。

10. 一缔约方根据第六条或第十七条的规定从另一缔约方获得的任何减少排放单位或一个分配数量的任何部分，应计入获得缔约方的分配数量。

11. 一缔约方根据第六条和第十七条的规定转让给另一缔约方的任何减少排放单位或一个分配数量的任何部分，应从转让缔约方的分配数量中减去。

12. 一缔约方根据第十二条的规定从另一缔约方获得的任何经证明的减少排放，应记入获得缔约方的分配数量。

13. 如附件一所列一缔约方在一承诺期内的排放少于其依本条确定的分配数量，此种差额，应该缔约方要求，应记入该缔约方以后的承诺期的分配数量。

14. 附件一所列每一缔约方应以下述方式努力履行上述第一款的承诺，即最大限度地减少对发展中国家缔约方、尤其是《公约》第四条第 8 款和第 9 款所特别指明的那些缔约方不利的社会、环境和经济影响。依照《公约》缔约方会议关于履行这些条款的相关决定，作为本议定书缔约方会议的《公约》缔约方会议，应在第一届会议上审议可采取何种必要行动以尽量减少气候变化的不利后果和/或对应措施对上述条款中所指缔约方的影响。须予审议的问题应包括资金筹措、保险和技术转让。

第四条

1. 凡订立协定共同履行其依第三条规定的承诺的附件一所列任何缔约方，只要其依附件 A 中所列温室气体的合并的人为二氧化碳当量排放总量不超过附件 B 中所载根据其量化的限制和减少排放的承诺和根据第三条规定所计算的分配数量，就应被视为履行了这些承诺。分配给该协定每一缔约方的各自排放水平应载明于该协定。

2. 任何此类协定的各缔约方应在它们交存批准、接受或核准本议定书或加入本议定书之日将该协定内容通知秘书处。其后秘书处应将该协定内容通知《公约》缔约方和签署方。

3. 任何此类协定应在第三条第 7 款所指承诺期的持续期间内继续实施。

4. 如缔约方在一区域经济一体化组织的框架内并与该组织一起共同行事，该组织的组成在本议定书通过后的任何变动不应影响依本议定书规定的现有承诺。该组织在组成上的任何变动只应适用于那些继该变动后通过的依第三条规定的承诺。

5. 一旦该协定的各缔约方未能达到它们的总的合并减少排放水平，此类协定的每一缔约方应对该协定中载明的其自身的排放水平负责。

6. 如缔约方在一个本身为议定书缔约方的区域经济一体化组织的框架内并与该组织一起共同行事，该区域经济一体化组织的每一成员国单独地并与按照第二十四条行事的区域经济一体化组织一起，如未能达到总的合并减少排放水平，则应对依本条所通知的其排放水平负责。

第五条

1. 附件一所列每一缔约方，应在不迟于第一个承诺期开始前一年，确立一个估算《蒙特利尔议定书》未予管制的所有温室气体的各种源的人为排放和各种汇的清除的国家体系。应体现下述第 2 款所指方法学的此类国家体系的指南，应由作为本议定书缔约方会议的《公约》缔约方会议第一届会议予以决定。

2. 估算《蒙特利尔议定书》未予管制的所有温室气体的各种源的人为排放和各种汇的清除的方法学。如不使用这种方法学，则应根据作为本议定书缔约方会议的《公约》缔约方会议第一届会议所议定的方法学作出适当调整。作为本议定书缔约方会议的《公约》缔约方会议，除其他外，应基于政府间气候变化专门委员会的工作和附属科技咨询机构提供的咨询意见，定期审评和酌情修订这些方法学和作出调整，同时充分考虑到《公约》缔约方会议作出的任何有关决定。对方法学的任何修订或调整，应只用于为了在继该修订后通过的任何承诺期内确定依第三条规定的承诺的遵守情况。

3. 用以计算附件 A 所列温室气体的各种源的人为排放和各种汇的清除的全球升温潜能值，应是由政府间气候变化专门委员会所接受并经《公约》缔约方会议第三届会议所议定者。作为本议定书缔约方会议的《公约》缔约方会议，定期审评和酌情修订每种此类温室气体的全球升温潜能值，同时充分考虑到《公约》缔约方会议作出的任何有关决定。对全球升温潜能值的任何修订，应只适用于继该修订后所通过的任何承诺期依第三条规定的承诺。

第六条

1. 为履行第三条的承诺的目的，附件一所列任一缔约方可以向任何其他此类缔约方转让或从它们获得由任何经济部门旨在减少温室气体的各种源的人为排放或增强各种汇的人为清除的项目所产生的减少排放单位，但：

（a）任何此类项目须经有关缔约方批准；

（b）任何此类项目须能减少源的排放，或增强汇的清除，这一减少或增强对任何以其他方式发生的减少或增强是额外的；

（c）缔约方如果不遵守其依第五条和第七条规定的义务，则不可以获得任何减少排放单位；

（d）减少排放单位的获得应是对为履行依第三条规定的承诺而采取的本国行动的补充。

2. 作为本议定书缔约方会议的《公约》缔约方会议，可在第一届会议或在其后一旦实际可行时，为履行本条、包括为核查和报告进一步制订指南。

3. 附件一所列一缔约方可以授权法律实体在该缔约方的负责下参加可导致依本条产生、转让或获得减少排放单位的行动。

4. 如依第八条的有关规定查明附件一所列一缔约方履行本条所指的要求有问题，减少排放单位的转让和获得在查明问题后可继续进行，但在任何遵守问题获得解决之前，一缔约方不可使用任何减少排放单位来履行其依第三条的承诺。

第七条

1. 附件一所列每一缔约方应在其根据《公约》缔约方会议的相关决定提交的《蒙特利尔议定书》未予管制的温室气体的各种源的人为排放和各种汇的清除的年度清单内，载列将根据下述第 4 款确定的为确保遵守第三条的目的而必要的补充信息。

2. 附件一所列每一缔约方应在其依《公约》第十二条提交的国家信息通报中载列根据下述第 4 款确定的必要的补充信息，以示其遵守本议定书所规定承诺的情况。

3. 附件一所列每一缔约方应自本议定书对其生效后的承诺期第一年根据《公约》提交第一次清单始，每年提交上述第 1 款所要求的信息。每一此类缔约方应提交上述第 2 款所要求的信息，作为在本议定书对其生效后和在依下述第 4 款规定通过指南后应提交的第一次国家信息通报的一部分。其后提交本条所要求的信息的频度，应由作为本议定书缔约方会议的《公约》缔约方会议予以确定，同时考虑到《公约》缔约方会议就提交国家信息通报所决定的任何时间表。

4. 作为本议定书缔约方会议的《公约》缔约方会议，应在第一届会议上通过并在其后定期审评编制本条所要求信息的指南，同时考虑到《公约》缔约方会议通过的附件一所列缔约方编制国家信息通报的指南。作为本议定书缔约方会议的《公约》缔约方会议，还应在第一个承诺期之前就计算分配数量的方式作出决定。

第八条

1. 附件一所列每一缔约方依第七条提交的国家信息通报，应由专家审评组根据《公约》缔约方会议相关决定并依照作为本议定书缔约方会议的《公约》缔约方会议依下述第 4 款为此目的所通过的指南予以审评。附件一所列每一缔约方依第七条第 1 款提交的信息，应作为排放清单和分配数量的年度汇编和计算的一部分予以审评。此外，附件一所列每一缔约方依第七条第 2 款提交的信息，应作为信息通报审评的一部分予以审评。

2. 专家审评组应根据《公约》缔约方会议为此目的提供的指导，由秘书处进行协调，并由从《公约》缔约方和在适当情况下政府间组织提名的专家中遴选出的成员组成。

3. 审评过程应对一缔约方履行本议定书的所有方面作出彻底和全面的技术评估。专家审评组应编写一份报告提交作为本议定书缔约方会议的《公约》缔约方会议，在报告中评估该缔约方履行承诺的情况并指明在实现承诺方面任何潜在的问题以及影响实现承诺的各种因素。此类报告应由秘书处分送《公约》的所有缔约方。秘书处应列明此类报告中指明的任何履行问题，以供作为本议定书缔约方会议的《公约》缔约方会议予以进一步审议。

4. 作为本议定书缔约方会议的《公约》缔约方会议，应在第一届会议上通过并在其后定期审评关于由专家审评组审评本议定书履行情况的指南，同时考虑到《公约》缔约方会议的相关决定。

5. 作为本议定书缔约方会议的《公约》缔约方会议，应在附属履行机构并酌情在附属科技咨询机构的协助下审议：

（a）缔约方按照第七条提交的信息和按照本条进行的专家审评的报告；

（b）秘书处根据上述第 3 款列明的那些履行问题，以及缔约方提出的任何问题。

6. 根据对上述第 5 款所指信息的审议情况，作为本议定书缔约方会议的《公约》缔约方会议，应就任何事项作出为履行本议定书所要求的决定。

第九条

1. 作为本议定书缔约方会议的《公约》缔约方会议，应参照可以得到的关于气候变化及其影响的最佳科学信息和评估，以及相关的技术、社会和经济信息，定期审评本议定书。这些审评应同依《公约》、特别是《公约》第四条第 2 款（d）项和第七条第 2 款（a）项所要求的那些相关审评进行协调。在这些审评的基础上，作为本议定书缔约方会议的《公约》缔约方会议应采取适当行动。

2. 第一次审评应在作为本议定书缔约方会议的《公约》缔约方会议第二届会议上进行，进一步的审评应定期适时进行。

第十条

所有缔约方，考虑到它们的共同但有区别的责任以及它们特殊的国家和区域发展优先顺序、目标和情况，在不对未列入附件一的缔约方引入任何新的承诺、但重申依《公约》第四条第 1 款规定的现有承诺并继续促进履行这些承诺以实现可持续发展的情况下，考虑到《公约》第四条第 3 款、第 5 款和第 7 款，应：

（a）在相关时并在可能范围内，制订符合成本效益的国家的方案以及在适当情况下区域的方案，以改进可反映每一缔约方社会经济状况的地方排放因素、活动数据和/或模式的质量，用以编制和定期更新《蒙特利尔议定书》未予管制的温室气体的各种源的人为排放和各种汇的清除的国家清单，同时采用将由《公约》缔约方会议议定的可比方法，并与《公约》缔约方会议通过的国家信息通报编制指南相一致；

（b）制订、执行、公布和定期更新载有减缓气候变化措施和有利于充分适应气候变化措施的国家的方案以及在适当情况下区域的方案：（一）此类方案，除其他外，将涉及能源、运输和工业部门以及农业、林业和废物管理。此外，旨在改进地区规划的适应技术和方法也可改善对气候变化的适应；（二）附件一所列缔约方应根据第七条提交依本议定书采取的行动、包括国家方案的信息；其他缔约方应努力酌情在它们的国家信息通报中列入载有缔约方认为有助于对付气候变化及其不利影响的措施、包括减缓温室气体排放的增加以及增强汇和汇的清除、能力建设和适应措施的方案的信息；

（c）合作促进有效方式用以开发、应用和传播与气候变化有关的有益于环境的技术、专有技术、做法和过程，并采取一切实际步骤促进、便利和酌情资助将此类技术、专有技术、做法和过程特别转让给发展中国家或使它们有机会获得，包括制订政策和方案，以便利有效转让公有或公共支配的有益于环境的技术，并为私有部门创造有利环境以促进和增进转让和获得有益于环境的技术；

（d）在科学技术研究方面进行合作，促进维持和发展有系统的观测系统并发展数据库，以减少与气候系统相关的不确定性、气候变化的不利影响和各种应对战略的经济和社会后果，并促进发展和加强本国能力以参与国际及政府间关于研究和系统观测方面的努力、方案和网络，同时考虑到《公约》第五条；

（e）在国际一级合作并酌情利用现有机构，促进拟订和实施教育及培训方案，包括加强本国能力建设，特别是加强人才和机构能力、交流或调派人员培训这一领域的专家，尤其是培训发展中国家的专家，并在国家一级促进公众意识和促进公众获得有关气候变化的信息。应发展适当方式通过《公约》的相关机构实施这些活动，同时考虑到《公约》第六条；

（f）根据《公约》缔约方会议的相关决定，在国家信息通报中列入按照本条进行的方案和活动；

（g）在履行依本条规定的承诺方面，充分考虑到《公约》第四条第8款。

第十一条

1. 在履行第十条方面，缔约方应考虑到《公约》第四条第4款、第5款、第7款、第8款和第9款的规定。

2. 在履行《公约》第四条第1款的范围内，根据《公约》第四条第3款和第十一条的规定，并通过受托经营《公约》资金机制的实体，《公约》附件二所列发达国家缔约方和其他发达缔约方应：

（a）提供新的和额外的资金，以支付经议定的发展中国家为促进履行第十条（a）项所述《公约》第四条第1款（a）项规定的现有承诺而招致的全部费用；

（b）并提供发展中国家缔约方所需要的资金，包括技术转让的资金，以支付经议定的为促进履行第十条所述依《公约》第四条第1款规定的现有承诺并经一发展中国家缔约方与《公约》第十一条所指那个或那些国际实体根据该条议定的全部增加费用。这些现有承诺的履行应考虑到资金流量应充足和可以预测的必要性，以及发达国家缔约方间适当分摊负担的重要性。《公约》缔约方会议相关决定中对受托经营《公约》资金机制的实体所作的指导，包括本议定书通过之前议定的那些指导，应比照适用于本款的规定。

3.《公约》附件二所列发达国家缔约方和其他发达缔约方也可以通过双边、区域和其他多边渠道提供并由发展中国家缔约方获取履行第十条的资金。

第十二条

1. 兹此确定一种清洁发展机制。

2. 清洁发展机制的目的是协助未列入附件一的缔约方实现可持续发展和有益于《公约》的最终目标，并协助附件一所列缔约方实现遵守第三条规定的其量化的限制和减少排放的承诺。

3. 依清洁发展机制：

（a）未列入附件一的缔约方将获益于产生经证明的减少排放的项目活动；

（b）附件一所列缔约方可以利用通过此种项目活动获得的经证明的减少排放，促进遵守由作为本议定书缔约方会议的《公约》缔约方会议确定的依第三条规定的其量化的限制和减少排放的承诺之一部分。

4. 清洁发展机制应置于由作为本议定书缔约方会议的《公约》缔约方会议的权力和指导之下，并由清洁发展机制的执行理事会监督。

5. 每一项目活动所产生的减少排放，须经作为本议定书缔约方会议的《公约》缔约方会议指定的经营实体根据以下各项作出证明：

（a）经每一有关缔约方批准的自愿参加；

（b）与减缓气候变化相关的实际的、可测量的和长期的效益；

（c）减少排放对于在没有进行经证明的项目活动的情况下产生的任何减少排放而言是额外的。

6. 如有必要，清洁发展机制应协助安排经证明的项目活动的筹资。

7. 作为本议定书缔约方会议的《公约》缔约方会议，应在第一届会议上拟订方式和程序，以期通过对项目活动的独立审计和核查，确保透明度、效率和可靠性。

8. 作为本议定书缔约方会议的《公约》缔约方会议，应确保经证明的项目活动所产生的部分收益用于支付行政开支和协助特别易受气候变化不利影响的发展中国家缔约方支付适应费用。

9. 对于清洁发展机制的参与，包括对上述第3款（a）项所指的活动及获得经证明的减少排放的参与，可包括私有和/或公有实体，并须遵守清洁发展机制执行理事会可能提出的任何指导。

10. 在自2000年起至第一个承诺期开始这段时期内所获得的经证明的减少排放，可用以协助在第一个承诺期内的遵约。

第十三条

1. 《公约》缔约方会议《公约》的最高机构，应作为本议定书缔约方会议。

2. 非为本议定书缔约方的《公约》缔约方，可作为观察员参加作为本议定书缔约方会议的《公约》缔约方会议任何届会的议事工作。在《公约》缔约方会议作为本议定书缔约方会议行使职能时，在本议定书之下的决定只应由为本议定书缔约方者作出。

3. 在《公约》缔约方会议作为本议定书缔约方会议行使职能时，《公约》缔约方会议主席团中代表《公约》缔约方但在当时非为本议定书缔约方的任何成员，应由本议定书缔约方从本议定书缔约方中选出的另一成员替换。

4. 作为本议定书缔约方会议的《公约》缔约方会议，应定期审评本议定书的履行情况，并应在其权限内作出为促进本议定书有效履行所必要的决定。缔约方会议应履行本议定书赋予它的职能，并应：

（a）基于依本议定书的规定向它提供的所有信息，评估缔约方履行本议定书的情况及根据本议定书采取的措施的总体影响，尤其是环境、经济、社会的影响及其累积的影响，以及在实现《公约》目标方面取得进展的程度；

（b）根据《公约》的目标、在履行中获得的经验及科学技术知识的发展，定期审查本议定书规定的缔约方义务，同时适当顾及《公约》第四条第 2 款（d）项和第七条第 2 款所要求的任何审评，并在此方面审议和通过关于本议定书履行情况的定期报告；

（c）促进和便利就各缔约方为对付气候变化及其影响而采取的措施进行信息交流，同时考虑到缔约方的有差别的情况、责任和能力，以及它们各自依本议定书规定的承诺；

（d）应两个或更多缔约方的要求，便利将这些缔约方为对付气候变化及其影响而采取的措施加以协调；

（e）依照《公约》的目标和本议定书的规定，并充分考虑到《公约》缔约方会议的相关决定，促进和指导发展和定期改进由作为本议定书缔约方会议的《公约》缔约方会议议定的、旨在有效履行本议定书的可比较的方法学；

（f）就任何事项作出为履行本议定书所必需的建议；

（g）根据第十一条第 2 款，设法动员额外的资金；

（h）设立为履行本议定书而被认为必要的附属机构；

（i）酌情寻求和利用各主管国际组织和政府间及非政府机构提供的服务、合作和信息；

（j）行使为履行本议定书所需的其他职能，并审议《公约》缔约方会议的决定所导致的任何任务。

5. 《公约》缔约方会议的议事规则和依《公约》规定采用的财务规则，应在本议定书下比照适用，除非作为本议定书缔约方会议的《公约》缔约方会议以协商一致方式可能另外作出决定。

6. 作为本议定书缔约方会议的《公约》缔约方会议第一届会议，应由秘书处结合本议定书生效后预定举行的《公约》缔约方会议第一届会议召开。其后作为本议定书缔约方会议的《公约》缔约方会议常会，应每年并且与《公约》缔约方会议常会结合举行，除非作为本议定书缔约方会议的《公约》缔约方会议另有决定。

7. 作为本议定书缔约方会议的《公约》缔约方会议的特别会议，应在作为本议定书缔约方会议的《公约》缔约方会议认为必要的其他时间举行，或应任何缔约方的书面要求而举行，但须在秘书处将该要求转达给各缔约方后六个月内得到至少三分之一缔约方的支持。

8. 联合国及其专门机构和国际原子能机构，以及它们的非为《公约》缔约方的成员国或观察员，均可派代表作为观察员出席作为本议定书缔约方会议的《公约》缔约方会议的各届会议。任何在本议定书所涉事项上具备资格的团体或机构，无论是国家或国际的、政府或非政府的，经通知秘书处其愿意派代表作为观察员出席作为本议定书缔约方会议的《公约》缔约方会议的某届会议，均可予以接纳，除非出席的缔约方至少三分之一反对。观察员的接纳和参加应遵循上述第 5 款所指的议事规则。

第十四条

1. 依《公约》第八条设立的秘书处，应作为本议定书的秘书处。

2. 关于秘书处职能的《公约》第八条第 2 款和关于就秘书处行使职能作出的安排的《公约》第八条第 3 款，应比照适用于本议定书。秘书处还应行使本议定书所赋予它的职能。

第十五条

1. 《公约》第九条和第十条设立的附属科技咨询机构和附属履行机构，应作为本议定书的附属科技咨询机构和附属履行机构。《公约》关于该两个机构行使职能的规定应比照适用于本议定书。本议定书的附属科技咨询机构和附属履行机构的届会，应分别与《公约》的附属科技咨询机构和附属履行机构的会议结合举行。

2. 非为本议定书缔约方的《公约》缔约方可作为观察员参加附属机构任何届会的议事工作。在附属机构作为本议定书附属机构时，在本议定书之下的决定只应由本议定书缔约方作出。

3. 《公约》第九条和第十条设立的附属机构行使它们的职能处理涉及本议定书的事项时，附属机构主席团中代表《公约》缔约方但在当时非为本议定书缔约方的任何成员，应由本议定书缔约方从本议定书缔约方中选出的另一成员替换。

第十六条

作为本议定书缔约方会议的《公约》缔约方会议，应参照《公约》缔约方会议可能作出的任何有关决定，在一旦实际可行时审议对本议定书适用并酌情修改《公约》第十三条所指的多边协商程序。适用于本议定书的任何多边协商程序的运作不应损害依第十八条所设立的程序和机制。

第十七条

《公约》缔约方会议应就排放贸易，特别是其核查、报告和责任确定相关的原则、方式、规则和指南。为履行其依第三条规定的承诺的目的，附件 B 所列缔约方可以参与排放贸易。任何此种贸易应是对为实现该条规定的量化的限制和减少排放的承诺之目的而采取的本国行动的补充。

第十八条

作为本议定书缔约方会议的《公约》缔约方会议，应在第一届会议上通过适当且有效的程序和机制，用以继定和处理不遵守本议定书规定的情势，包括就后果列出一个示意性清单，同时考虑到不遵守的原因、类别、程度和频度。依本条可引起具拘束性后果的任何程序和机制应以本议定书修正案的方式予以通过。

第十九条

《公约》第十四条的规定应比照适用于本议定书。

第二十条

1. 任何缔约方均可对本议定书提出修正。

2. 对本议定书的修正应在作为本议定书缔约方会议的《公约》缔约方会议常会上通过。对本议定书提出的任何修正案文，应由秘书处在拟议通过该修正的会议之前至少六个月送交各缔约方。秘书处还应将提出的修正送交《公约》的缔约方和签署方，并送交保存人以供参考。

3. 各缔约方应尽一切努力以协商一致方式就对本议定书提出的任何修正达成协议。如为谋求协商一致已尽一切努力但仍未达成协议，作为最后的方式，该项修正应以出席会议并参加表决的缔约方四分之三多数票通过。通过的修正应由秘书处送交保存人，再由保存人转送所有缔约方供其接受。

4. 对修正的接受文书应交存于保存人，按照上述第 3 款通过的修正，应于保存人收到本议定书至少四分之三缔约方的接受文书之日后第九十天起对接受该项修正的缔约方生效。

5. 对于任何其他缔约方，修正应在该缔约方向保存人交存其接受该项修正的文书之日后第九十天起对其生效。

第二十一条

1. 本议定书的附件应构成本议定书的组成部分，除非另有明文规定，凡提及本议定书时即同时提及其任何附件。本议定书生效后通过的任何附件，应限于清单、表格和属于科学、技术、程序或行政性质的任何其他说明性材料。

2. 任何缔约方可对本议定书提出附件提案并可对本议定书的附件提出修正。

3. 本议定书的附件和对本议定书附件的修正应在作为本议定书缔约方会议的《公约》缔约方会议的常会上通过。提出的任何附件或对附件的修正的案文应由秘书处在拟议通过该项附件或对该附件的修正的会议之前至少六个月送交各缔约方。秘书处还应将提出的任何附件或对附件的任何修正的案文送交《公约》缔约方和签署方，并送交保存人以供参考。

4. 各缔约方应尽一切努力以协商一致方式就提出的任何附件或对附件的修正达

成协议。如为谋求协商一致已尽一切努力但仍未达成协议，作为最后的方式，该项附件或对附件的修正应以出席会议并参加表决的缔约方四分之三多数票通过。通过的附件或对附件的修正应由秘书处送交保存人，再由保存人送交所有缔约方供其接受。

5. 除附件 A 和附件 B 之外，根据上述第 3 款和第 4 款通过的附件或对附件的修正，应于保存人向本议定书的所有缔约方发出关于通过该附件或通过对该附件的修正的通知之日起六个月后对所有缔约方生效，但在此期间书面通知保存人不接受该项附件或对该附件的修正的缔约方除外。对于撤回其不接受通知的缔约方，该项附件或对该附件的修正应自保存人收到撤回通知之日后第九十天起对其生效。

6. 如附件或对附件的修正的通过涉及对本议定书的修正，则该附件或对附件的修正应待对本议定书的修正生效之后方可生效。

7. 对本议定书附件 A 和附件 B 的修正应根据第二十条中规定的程序予以通过并生效，但对附件 B 的任何修正只应以有关缔约方书面同意的方式通过。

第二十二条

1. 除下述第 2 款所规定外，每一缔约方应有一票表决权。

2. 区域经济一体化组织在其权限内的事项上应行使票数与其作为本议定书缔约方的成员国数目相同的表决权。如果一个此类组织的任一成员国行使自己的表决权，则该组织不得行使表决权，反之亦然。

第二十三条

联合国秘书长应为本议定书的保存人。

第二十四条

1. 本议定书应开放供属于《公约》缔约方的各国和区域经济一体化组织签署并须经其批准、接受或核准。本议定书应自 1998 年 3 月 16 日至 1999 年 3 月 15 日在纽约联合国总部开放供签署。本议定书应自其签署截止日之次日起开放供加入。批准、接受、核准或加入的文书应交存于保存人。

2. 任何成为本议定书缔约方而其成员国均非缔约方的区域经济一体化组织应受本议定书各项义务的约束。如果此类组织的一个或多个成员国为本议定书的缔约方，该组织及其成员国应决定各自在履行本议定书义务方面的责任。在此种情况下，该组织及其成员国无权同时行使本议定书规定的权利。

3. 区域经济一体化组织应在其批准、接受、核准或加入的文书中声明其在本议定书所规定事项上的权限。这些组织还应将其权限范围的任何重大变更通知保存人，再由保存人通知各缔约方。

第二十五条

1. 本议定书应在不少于五十五个《公约》缔约方、包括其合计的二氧化碳排放量至少占附件一所列缔约方 1990 年二氧化碳排放总量的 55% 的附件一所列缔约方已经交存其批准、接受、核准或加入的文书之日后第九十天起生效。

2. 为本条的目的，"附件一所列缔约方 1990 年二氧化碳排放总量"指在通过本议定书之日或之前附件一所列缔约方在其按照《公约》第十二条提交的第一次国家信息通报中通报的数量。

3. 对于在上述第 1 款中规定的生效条件达到之后批准、接受、核准或加入本议定书的每一国家或区域经济一体化组织，本议定书应自其批准、接受、核准或加入的文书交存之日后第九十天起生效。

4. 为本条的目的，区域经济一体化组织交存的任何文书，不应被视为该组织成员国所交存文书之外的额外文书。

第二十六条

对本议定书不得作任何保留。

第二十七条

1. 自本议定书对一缔约方生效之日起三年后，该缔约方可随时向保存人发出书面通知退出本议定书。

2. 任何此种退出应自保存人收到退出通知之日起一年期满时生效，或在退出通知中所述明的变更后日期生效。

3. 退出《公约》的任何缔约方，应被视为亦退出本议定书。

第二十八条

本议定书正本应交存于联合国秘书长，其阿拉伯文、中文、英文、法文、俄文和西班牙文文本同等作准。

1997 年 12 月 11 日订于京都。

附录三　温室气体自愿减排交易管理暂行办法

温室气体自愿减排交易管理暂行办法

发改气候〔2012〕1668 号

第一章　总　则

第一条　为鼓励基于项目的温室气体自愿减排交易，保障有关交易活动有序开展，制定本暂行办法。

第二条　本暂行办法适用于二氧化碳（CO_2）、甲烷（CH_4）、氧化亚氮（N_2O）、氢氟碳化物（HFCs）、全氟碳化（PFCs）和六氟化硫（SF_6）等六种温室气体的自愿减排量的交易活动。

第三条　温室气体自愿减排交易应遵循公开、公平、公正和诚信的原则，所交易减排量应基于具体项目，并具备真实性、可测量性和额外性。

第四条　国家发展改革委作为温室气体自愿减排交易的国家主管部门，依据本暂行办法对中华人民共和国境内的温室气体自愿减排交易活动进行管理。

第五条　国内外机构、企业、团体和个人均可参与温室气体自愿减排量交易。

第六条　国家对温室气体自愿减排交易采取备案管理。参与自愿减排交易的项目，在国家主管部门备案和登记，项目产生的减排量在国家主管部门备案和登记，并在经国家主管部门备案的交易机构内交易。

中国境内注册的企业法人可依据本暂行办法申请温室气体自愿减排项目及减排量备案。

第七条　国家主管部门建立并管理国家自愿减排交易登记簿（以下简称"国家登记簿"），用于登记经备案的自愿减排项目和减排量，详细记录项目基本信息及减排量备案、交易、注销等有关情况。

第八条　在每个备案完成后的 10 个工作日内，国家主管部门通过公布相关信息和提供国家登记簿查询，引导参与自愿减排交易的相关各方，对具有公信力的自愿减排量进行交易。

第二章　自愿减排项目管理

第九条　参与温室气体自愿减排交易的项目应采用经国家主管部门备案的方法学并由经国家主管部门备案的审定机构审定。

第十条　方法学是指用于确定项目基准线、论证额外性、计算减排量、制定监测计划等的方法指南。

对已经联合国清洁发展机制执行理事会批准的清洁发展机制项目方法学，由国家主管部门委托专家进行评估，对其中适合于自愿减排交易项目的方法学予以备案。

第十一条 对新开发的方法学，其开发者可向国家主管部门申请备案，并提交该方法学及所依托项目的设计文件。国家主管部门接到新方法学备案申请后，委托专家进行技术评估，评估时间不超过 60 个工作日。

国家主管部门依据专家评估意见对新开发方法学备案申请进行审查，并于接到备案申请之日起 30 个工作日内（不含专家评估时间）对具有合理性和可操作性、所依托项目设计文件内容完备、技术描述科学合理的新开发方法学予以备案。

第十二条 申请备案的自愿减排项目在申请前应由经国家主管部门备案的审定机构审定，并出具项目审定报告。项目审定报告主要包括以下内容：

（一）项目审定程序和步骤；

（二）项目基准线确定和减排量计算的准确性；

（三）项目的额外性；

（四）监测计划的合理性；

（五）项目审定的主要结论。

第十三条 申请备案的自愿减排项目应于 2005 年 2 月 16 日之后开工建设，且属于以下任一类别：

（一）采用经国家主管部门备案的方法学开发的自愿减排项目；

（二）获得国家发展改革委批准作为清洁发展机制项目，但未在联合国清洁发展机制执行理事会注册的项目；

（三）获得国家发展改革委批准作为清洁发展机制项目且在联合国清洁发展机制执行理事会注册前就已经产生减排量的项目；

（四）在联合国清洁发展机制执行理事会注册但减排量未获得签发的项目。

第十四条 国资委管理的中央企业中直接涉及温室气体减排的企业（包括其下属企业、控股企业），直接向国家发展改革委申请自愿减排项目备案。具体名单由国家主管部门制定、调整和发布。

未列入前款名单的企业法人，通过项目所在省、自治区、直辖市发展改革部门提交自愿减排项目备案申请。省、自治区、直辖市发展改革部门就备案申请材料的完整性和真实性提出意见后转报国家主管部门。

第十五条 申请自愿减排项目备案须提交以下材料：

（一）项目备案申请函和申请表；

（二）项目概况说明；

（三）企业的营业执照；

（四）项目可研报告审批文件、项目核准文件或项目备案文件；

（五）项目环评审批文件；

（六）项目节能评估和审查意见；

（七）项目开工时间证明文件；

（八）采用经国家主管部门备案的方法学编制的项目设计文件；

（九）项目审定报告。

第十六条　国家主管部门接到自愿减排项目备案申请材料后，委托专家进行技术评估，评估时间不超过 30 个工作日。

第十七条　国家主管部门商有关部门依据专家评估意见对自愿减排项目备案申请进行审查，并于接到备案申请之日起 30 个工作日内（不含专家评估时间）对符合下列条件的项目予以备案，并在国家登记簿登记。

（一）符合国家相关法律法规；

（二）符合本办法规定的项目类别；

（三）备案申请材料符合要求；

（四）方法学应用、基准线确定、温室气体减排量的计算及其监测方法得当；

（五）具有额外性；

（六）审定报告符合要求；

（七）对可持续发展有贡献。

第三章　项目减排量管理

第十八条　经备案的自愿减排项目产生减排量后，作为项目业主的企业在向国家主管部门申请减排量备案前，应由经国家主管部门备案的核证机构核证，并出具减排量核证报告。减排量核证报告主要包括以下内容：

（一）减排量核证的程序和步骤；

（二）监测计划的执行情况；

（三）减排量核证的主要结论。

对年减排量 6 万吨以上的项目进行过审定的机构，不得再对同一项目的减排量进行核证。

第十九条　申请减排量备案须提交以下材料：

（一）减排量备案申请函；

（二）项目业主或项目业主委托的咨询机构编制的监测报告；

（三）减排量核证报告。

第二十条　国家主管部门接到减排量备案申请材料后，委托专家进行技术评估，评估时间不超过 30 个工作日。

第二十一条　国家主管部门依据专家评估意见对减排量备案申请进行审查，并于接到备案申请之日起 30 个工作日内（不含专家评估时间）对符合下列条件的减排量予以备案：

（一）产生减排量的项目已经国家主管部门备案；

（二）减排量监测报告符合要求；

（三）减排量核证报告符合要求。

经备案的减排量称为"核证自愿减排量（CCER）"，单位以"吨二氧化碳当量（t CO₂e）"计。

第二十二条 自愿减排项目减排量经备案后，在国家登记簿登记并在经备案的交易机构内交易。用于抵消碳排放的减排量，应于交易完成后在国家登记簿中予以注销。

第四章　减排量交易

第二十三条 温室气体自愿减排量应在经国家主管部门备案的交易机构内，依据交易机构制定的交易细则进行交易。经备案的交易机构的交易系统与国家登记簿连接，实时记录减排量变更情况。

第二十四条 交易机构通过其所在省、自治区和直辖市发展改革部门向国家主管部门申请备案，并提交以下材料：

（一）机构的注册资本及股权结构说明；

（二）章程、内部监管制度及有关设施情况报告；

（三）高层管理人员名单及简历；

（四）交易机构的场地、网络、设备、人员等情况说明及相关地方或行业主管部门出具的意见和证明材料；

（五）交易细则。

第二十五条 国家主管部门对交易机构备案申请进行审查，审查时间不超过6个月，并于审查完成后对符合以下条件的交易机构予以备案：

（一）在中国境内注册的中资法人机构，注册资本不低于1亿元人民币；

（二）具有符合要求的营业场所、交易系统、结算系统、业务资料报送系统和与业务有关的其他设施；

（三）拥有具备相关领域专业知识及相关经验的从业人员；

（四）具有严格的监察稽核、风险控制等内部监控制度；

（五）交易细则内容完整、明确，具备可操作性。

第二十六条 对自愿减排交易活动中有违法违规情况的交易机构，情节较轻的，国家主管部门将责令其改正；情节严重的，将公布其违法违规信息，并通告其原备案无效。

第五章　审定与核证管理

第二十七条 从事本暂行办法第二章规定的自愿减排交易项目审定和第三章规定的减排量核证业务的机构，应通过其注册地所在省、自治区和直辖市发展改革部门向国家主管部门申请备案，并提交以下材料：

（一）营业执照；

（二）法定代表人身份证明文件；

（三）在项目审定、减排量核证领域的业绩证明材料；

（四）审核员名单及其审核领域。

第二十八条　国家主管部门接到审定与核证机构备案申请材料后，对审定与核证机构备案申请进行审查，审查时间不超过 6 个月，并于审查完成后对符合下列条件的审定与核证机构予以备案：

（一）成立及经营符合国家相关法律规定；

（二）具有规范的管理制度；

（三）在审定与核证领域具有良好的业绩；

（四）具有一定数量的审核员，审核员在其审核领域具有丰富的从业经验，未出现任何不良记录；

（五）具备一定的经济偿付能力。

第二十九条　经备案的审定和核证机构，在开展相关业务过程中如出现违法违规情况，情节较轻的，国家主管部门将责令其改正；情节严重的，将公布其违法违规信息，并通告其原备案无效。

第六章　附　则

第三十条　本暂行办法由国家发展和改革委员会负责解释。

第三十一条　本暂行办法自印发之日起施行。